U0189543

华丽呈现

瑰丽 的 植物微观世界

沃尔夫冈·斯塔佩（Wolfgang Stuppy）博士是英国皇家植物园邱园的"千年种子库"的种子形态学家。该种子库位于英国萨塞克斯郡韦克赫斯特植物园，是一个大型国际合作项目，其主旨是收集和储存来自全球的种子和果实。斯塔佩一直为种子和果实的多样性感到震惊并为之着迷，邱园和"千年种子库"为他开展这项研究提供了最理想的环境。此外，作为植物世界研究领域的这个"冷门专业"的专家，他还为英国及海外的大学生和"千年种子库"项目合作伙伴教授种子生物学。

罗布·克塞勒（Rob Kesseler）是伦敦艺术大学（University of the Arts London）的艺术、设计与科学教授，是一位视觉艺术家。在长期的个人职业生涯中，他经常从植物世界中汲取灵感。2001年，他被任命为英国国家科学技术与艺术基金会（National Endowment for Science, Technology and the Arts，NESTA）会员，该基金会设在英国皇家植物园邱园。从那时起，他开始研究微观植物物质。2010年，他被葡萄牙古尔本基安科学研究所（Gulbenkian Science Institute）任命为"2010年度生物多样性研究员"（2010 Year of Bio-Diversity Fellow）。他的作品在英国、欧洲大陆和北美的博物馆与美术馆多次展出，其中包括在基尤植物园的维多利亚与艾伯特博物馆（The Victoria & Albert Museum）以及里斯本卡洛斯特·古尔本基安（Calouste Gulbenkian）基金会的个人展。他还是英国伦敦林奈学会（Linnean Society）和皇家艺术学会（Royal Society of Arts）的会员。

马德琳·哈利（Madeline Harley）博士是一位植物学家，在2005年退休之前一直担任英国皇家植物园邱园的花粉研究部主任。她的主要研究领域是关于开花植物的进化及其相互关系中的开花植物物种特异性的花粉特性，其研究成果获得国际公认。她本人单独或与他人合作撰写了80多篇（部）论文和著作。她还向许多国际研讨会提交了研究成果。她是英国林奈学会会员，还因为在学术领域取得的成就，获得邱园授予的荣誉研究员职衔。

华丽呈现

瑰丽 的 植物微观世界

[英]沃尔夫冈·斯塔佩　罗布·克塞勒　马德琳·哈利　著

燕子　译

中国科学技术出版社
·北京·

图书在版编目（CIP）数据

华丽呈现：瑰丽的植物微观世界 /（英）沃尔夫冈
斯塔佩,（英）罗布·克塞勒,（英）马德琳·哈利著;
燕子译 . -- 北京：中国科学技术出版社 , 2024. 9.

ISBN 978-7-5236-0965-1

Ⅰ . Q94

中国国家版本馆 CIP 数据核字第 2024A8R933 号

著作权登记号 01-2024-1939

策划编辑　徐世新
责任编辑　向仁军
封面设计　周伶俐
版式设计　周伶俐
责任校对　邓雪梅
责任印制　李晓霖

出　　版　中国科学技术出版社
发　　行　中国科学技术出版社有限公司
地　　址　北京市海淀区中关村南大街 16 号
邮　　编　100081
发行电话　010-62173865
传　　真　010-62173081
网　　址　http://www.cspbooks.com.cn

开　　本　787mm×1092mm　1/12
字　　数　123 千字
印　　张　13
版　　次　2024 年 9 月第 1 版
印　　次　2024 年 9 月第 1 次印刷
印　　刷　北京博海升彩色印刷有限公司
书　　号　ISBN 978-7-5236-0965-1 / Q · 280
定　　价　128.00 元

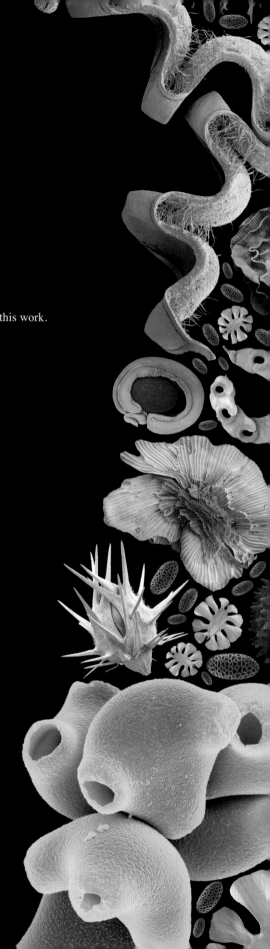

目录

飞燕草（*Delphinium peregrinum*，毛茛科），原产地为地中海；种子依靠风媒传播，被有缺裂边缘的薄栉片覆盖；种子直径1.5毫米

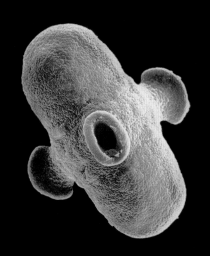

序言

植物首次征服地球上大片大片的陆地发生在6亿年前，这一点令人不可思议。这个进程是从早期产生孢子的植物开始的，它们与今天我们熟悉的苔藓、蕨类等植物十分相似，也许又过了2.4亿年，它们进化出花粉和种子——是我们这个星球的所有生命历史上最关键的创新中的两种。种子植物又经过了3.6亿年的进化。在这个过程中，大量重要的适应性特征保证了种子植物的生存，其中包括它们的花朵、花粉、种子和果实，种子植物的有性繁殖的方式也始终处在不断的优化和完善之中。而在此之前，在一套3卷本的系列丛书中，我们深入探讨了植物个体生命的科学、自然历史和审美。一位艺术家（罗布·克塞勒）和两位科学家（沃尔夫冈·斯塔佩和马德琳·哈利）密切合作，完成并出版了三部著作：《花粉：花朵和种子的隐秘性别》（*The Hidden Sexuality of Flowers, Seeds*）《生命与果实的时代密藏器》（*Time Capsules of Life, and Fruit*）和《可食用与不可食用，简直难以置信》（*Edible, Inedible,Incredible*）。《华丽呈现：植物的微观世界》以一些最引人注目的图片显示了植物生命中一些隐秘部位（在没有光照和电子显微镜的情况下不为人所见），这些部位是植物生命的核心部分，迄今为止，科学领域之外的人们对其中大部分内容知之甚少。

上图：长叶刺参（*Morina longifolia*，忍冬科），原产地为喜马拉雅山脉；花粉颗粒

右图：木芙蓉（*Hibiscus mutabilis*，木槿属，锦葵科），原产于中国和日本，但已在美国南部引种成功；作为已进化出风传播适应特性的植物，木芙蓉种子背部有一片茸毛，能以"降落伞"的形式散传出去。种子长2.6毫米（不包括茸毛）

艺术与科学

在20世纪下半叶之前，人们热爱并欣赏植物世界一直是一项很重要的传统，这是包括一些富有想象力和善于思考的艺术家、工匠等在内的观察者们共同努力的结果；不过，一些业余植物爱好者也作出了贡献，或对早期植物学家的工作提出了挑战。当然，这里所说的早期植物学家更多是指我们今天所称的"博学者"，名词"科学家"作为一个具有实际意义的术语被使用主要还是始于20世纪下半叶。不过这个词在人们思想认识方面引起了一个不切实际的问题，即广泛意义上的观察和思考的力量之间的割裂，以及人们之后应当如何阐述和记录观测结果。

当我们认识到通过观察微观植物材料能够获取非常有价值的科学数据时，为了让更多新的读者了解英国皇家植物园邱园所做的这项重要工作，我们三人在艺术与科学之间的鸿沟上联手构筑了一座桥梁。

色彩密码中的（遗传）信息在大自然、科学和艺术中，色彩都扮演着不同的角色。经过漫长的进化，植物逐渐发展出一套复杂的色彩密码谱系，以吸引动物来为它们的花授粉，并散播它们的种子。科学家同样利用色彩，在植物学科研团体内推动研究向前发展。在实际科研工作中，花粉和种子高倍率的扫描电子显微照片是黑白的，但在本书中，艺术家罗布·凯瑟勒运用各种色彩大大增强了这些照片的美感和表现力，能给更多读者带来新颖的感觉。他对色彩的选择极具个性，或是与原植物构造有关，或是出于充分展示这些植物样本功能特征的考虑。他之所以凭自己直觉选用色彩，是因为他希望创造一些迷人的画面，而这样的画面又实实在在存在于科学与象征主义之间，这样的视觉效果能够引发人与自身视力无法看到的自然奇迹进行深度接触。

我们都深爱和着迷于开花植物的有性繁殖之美，都怀有相互交流的热情，也都渴望把这种情感表达出来，所有这些促成了我们的合作，不过，表现这些奇异画面的方法和技术手段直到在20世纪后半叶才得以实现。目前，在全球范围内正在开展植物科学中的重要研究和保护工作，包括邱园这个皇家植物园，尤其是其千年种子库合作伙伴（Millennium Seed Bank Partnership，MSBP）项目，这是世界上最大的国际保护倡议之一，本书中的大量插图内容都来自千年种子库合作伙伴项目，我们真诚希望通过本书激发起更多读者的兴趣。

缠绕马齿苋（*Calandrinia eremaea*，马齿苋科），原产地为澳大利亚本土及其塔斯马尼亚岛（州）；种子直径为0.56毫米

沃尔夫冈·斯塔佩：皇家植物园邱园-韦克赫斯特，千年种子库
罗布·克塞勒：伦敦圣马丁中央艺术与设计学院
马德琳·哈利：皇家植物园邱园，乔德雷尔实验室，微形态学研究部
2009年6月

与

动物不同，植物实在太让人着迷了，它们拥有超凡的利用阳光的能力，仅仅通过吸收水和二氧化碳就能生成糖（这一过程被称为光合作用）。这样一来，植物不但产生自身所需的食物，还直接或间接地养育着地球上的所有生命。另外，众多植物还在我们的大气层中产生氧气，这些还只是它们光合作用的一个副产品。直白地说，地球上要是没有植物，人类就不可能呼吸或摄取食物。单单稻米一项，就养活了我们这个星球超过一半的人口。还有其他许多谷类、豆类和蔬菜，都是我们的食物来源。植物除了为人类提供基本的营养，还让我们享受到了珍馐美味，如水果、坚果和珍贵的调味品；植物还能提供具有实用功能的物品，如木材、纤维和油脂。

植物通过各种各样的手段，在我们的生命中发挥着关键的作用。不过，它们毕竟处于静止状态，又不会说话，因此人类往往不把植物看作是与自己一样的生物。植物长着各式各样、千奇百怪的纹理和外观，它们根植于大地，在某个时间跨度内移动速度是如此之慢，人类的肉眼竟然丝毫察觉不到。如果把这些客观事实与人类和动物放在一起进行比较，未免显得太过荒诞，但现实状况远非如此。植物不但拥有与动物相同的生命，还像动物一样，经过了数亿年的进化，发展出相当复杂的生命特征，植物通常与动物进化相互作用。动植物之间尽管存在着巨大差异，但它们殊途同归，生命的目标是一致的：为有性繁殖而努力地生存，以保证物种的延续。不过，与动物不同的是，植物拥有备份系统：在只能"单相思"的时候，它们通常会进行无性繁殖。然而，有性繁殖仍然极其重要，原因在于：一个动物的新生命从其父体的精子和其母体的卵细胞结合的刹那开始孕育。在这个过程中，双亲的每一位都贡献出一组染色体（*chromosomes*）。植物也同样如此，它们的一个雄性精子和一个雌性卵细胞一旦结合，就意味着新生命的诞生。在所有的生物中，染色体包含着基因，而基因决定着这种有机体的每一个本质性特征。这些染色体带着其父母的遗传特性融合在一起，其后代只会出现很细微的改变，或许会创造出更优秀的组合特性。另外，通过长期进化和物竞天择，有性繁殖成为物种进化的核心。

牙买加一品红（*Euphorbia punicea*, 大戟科），原产于牙买加，大戟家族中的有些物种出奇地漂亮，牙买加一品红是其中之一；图中的黄色肾形结构是它的腺体，能分泌花蜜，吸引昆虫前来授粉

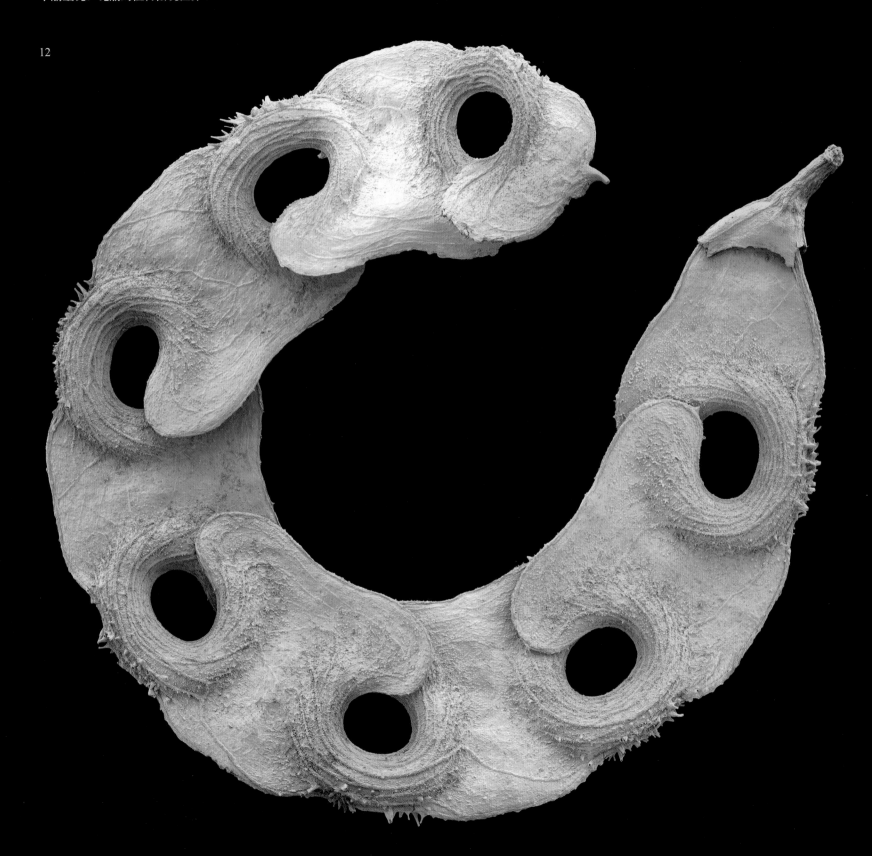

左页图：马蹄形野豌豆（*Hippocrepis unisiliquosa*，豆科），原产于欧亚大陆和非洲；豆荚的奇怪形状所展示的适应性策略难以解读，一种猜测是这种豌豆扁平的、较轻的结构可能有助于借助风媒传播。此外，内陷的重叠边缘和周围刺毛有助于果实钩挂住动物的皮毛（动物体表传播，*epizoochory*）。果实直径为18毫米

上图：原生于东非的莎草科植物球穗莎草（*Bulbostylis hispidula* subsp. *pyriformis*）；果实没有明显的特殊传播进化模式；与许多禾本科（Poaceae）植物一样，进食植物的动物在啃食它的嫩叶时，偶尔会吞下小小的果实，它们就是依赖这种方式完成了种子的散播。果实1.3毫米长

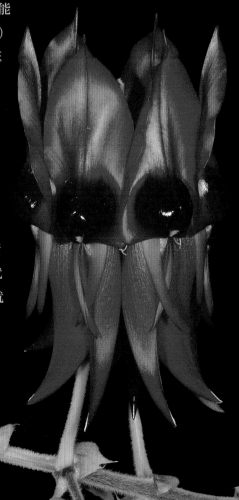

下图：沙漠豌豆（*Swainsona formosa*，豆科），原产于澳大利亚；它的花朵异常鲜红，中间长着一颗黑心，十分有名。这个物种是澳大利亚最令人喜爱的野花之一（"*formosa*"在拉丁语的意思是"美丽"）。这些花是靠鸟类来授粉的

许多植物能无性繁殖，例如长着长匍茎的草莓，但从遗传角度看，无性繁殖诞生的新个体是母本植物的完全复制，这也是大部分植物往往都是有性繁殖的原因。那些有某种"性生活"的植物仍然令许多人倍感意外，尽管我们熟悉那些围绕着它们性行为的举止。我们会惬意地享受植物带来的一切：花朵能饱眼福，也会散发芳香，果实会给人类的味蕾带来满足感。而这些实际上是植物在为自身追求的利益所展现的一些手法而已，或许，我们并不了解眼前正在发生的这些事情。不过，从一个科学的角度观察，花朵通常只是五颜六色的花瓣的一种展示形式，这些花瓣能吸引昆虫环绕在植物的雌性和雄性中央生殖器周围——雄蕊（*stamens*）和雌蕊（*pistil*）。有性繁殖完成后，随着花朵的凋谢，果实从植物雌蕊基部的子房发展而来。果实是膨胀的雌性器官，这些器官携有大量微小的植物胚芽，每一个胚芽都被裹在一个种子外壳内。种子成熟后，离开亲本植物，种皮内的胚芽将会发芽，并离开种皮这个安全保护设施，逐渐长成一株幼苗，最后长成新植物，这个新植物携带着自己父母株的完整互补染色体。

植物的性别器官、果实和种子在有性繁殖结束后承担着一个巨大责任；一个植物生命周期最重要的大事是开花、授粉和结果，这事关单株植物的生命和物种的存续。这是因为精子（由花粉粒携带）与一株植物的诸多子房的融合会产生果实，果实携带种子，这些种子就是植物的下一代。所以，植物为了保证后代的繁衍成功而进化出很多千奇百怪的策略，也就没什么可大惊小怪的了。

宝贵的尘埃

植物的有性繁殖基本上与动物相同（其中当然也包括我们人类）。如果一棵植物要进行有性生殖，一个精子细胞必须使一个卵细胞受精，才能产生下一代。为达此目的，这个精子总是要保持在活跃状态，以寻找某个卵细胞受精。不过，与大部分动物不同的是，由于植物无法到处移动，以搜寻同一物种的配对卵细胞，因此它们进化出了某些非常聪慧的做法，经常借用动物的力量（主要是昆虫）来达到它们的目的，即让一个精子与一个卵细胞相遇。读者或许会问，它们究竟是怎么做到这一点的？答案就在于花朵。花朵是进行有性繁殖的一个温床，在这里，雌性和雄性繁殖器官很容易就相互结合了。

一朵典型的花朵包含4~5个花轮，这些花轮是高度专门化的结构。最外面的花轮是花萼（*calyx*），这是一种杯状结构，通常是小绿叶，即萼片（*sepals*）。在花萼内，一般是较大且往往颜色鲜亮的花冠（*corolla*），常见的情况是由3~5片花瓣（*petals*）组成。在花瓣之间或在花瓣反面，有1~2个轮生雄蕊（*stamens*）。以上这些是植物的雄性器官。雄蕊环绕着雌性器官——雌蕊（*gynoecium*），也就是这朵花的中心位置，或者科学上的正确意义不那么严谨但更普遍的叫法是*pistil*（意思也是雌蕊）。

雌蕊由一个或多个心皮（*carpels*）组成，通常是经过修饰的有受精能力的叶子，沿着其中脉卷曲，顺着它们的反面融合，形成了一个包，里面有未成熟的若干种子，称为胚珠（*ovules*）。心皮可能是分开的，像毛茛（*Ranunculus* species，毛茛科），也可能融在一个雌蕊里，如橙子（*Citrus × sinensis*，芸香科），每个果实片段都代表着一个心皮。

雄蕊长着一个细长的梗，即花丝（*filament*），在顶端携有花药（*anther*）。这个花药通常长着4个花粉囊（花药室，*locules*），这是雄蕊的生殖部分，能产生数以千计的微小尘埃，这些尘埃小到只能在显微镜下才能看到——像颗粒一样，称为花粉（*pollen*）。每个花粉粒长有一个虽小但宝贵的舱室，里面有两个雄性精细胞。为了运送精细胞，花粉粒必须想方设法到达同一朵花的雌性器官，或者更完美的情况：抵达同一物种另外一株个体的一朵花上。雌蕊被分成了子房（*ovary*，生在基部的膨胀繁殖部位）和柱头（*stigma*），柱头是长在子房顶端一个能接受花粉的专门部位。

上图：酸橙（Citrus × aurantium，芸香科），原生于亚洲热带地区；花粉粒有三个孔，孔长0.03毫米

右图：箭叶橙（Citrus hystrix，芸香科），原生于印度尼西亚；花朵有4个白色花瓣，大量雄蕊和一个突出的雌蕊（绿色子房，白色花柱，黄色柱头）；花朵尺寸大约14毫米

右页：扁桃（Prunus dulcis，蔷薇科），原生于西亚；花粉粒在琼脂媒介上发芽；花粉尺寸0.04毫米

有时，柱头被一种柱状的伸展物，花柱（*style*）抬高到子房的上面。飘落在这个柱头湿润表面上的花粉粒被补充了水分，几分钟内就会发芽，生长出一种管状伸展物。这种花粉管（*pollen tube*）渗透到这个柱头的表面，通过花柱向下生长，直到它到达子房为止。根据字面意义，子房是花朵的子宫，内有一个或多个很小的未成熟种子，叫作胚珠（*ovules*），每个胚珠都长着一个单体卵细胞。为了使某个卵细胞受精，一个花粉管必须通过雌性组织的一个小孔，也就是珠孔（*micropyle*），进入胚珠中。一旦进到胚珠里，花粉管的尖部就会破裂，释放出两个精子，其中一个会使这个卵细胞受精，另一个与胚珠的极核（*polar nuclei*）融合，形成初生胚乳核（*primary endosperm nucleus*），从初生胚乳核开始，种子的储存组织，即胚乳（*endosperm*），将会生长。反过来再看动物和人类，他（它）们的精子都能到处活动，而植物精子必须通过花粉管才能被直接转送至卵细胞。一旦受精完成，这个卵细胞就会长成一个植物幼芽，即胚芽（*embryo*），胚珠就这样最终演变成了一粒种子。

这就是长种子的植物——开花植物（被子植物）、针叶植物及其同源植物（裸子植物）进行有性繁殖的过程。不过，苔藓、地钱、蕨类植物和其同源植物不是通过种子，而是通过孢子进行繁殖。因此，这些植物的生命周期在某些方面存在显著差异。

右图：箭叶橙（*Citrus hystrix*，芸香科）的部分花瓣和雄蕊已被去除，以便能看到雌蕊；受精结束后，子房会长出一个结疙瘩的小小绿色果实，即卡菲尔酸橙，直径为5.5毫米

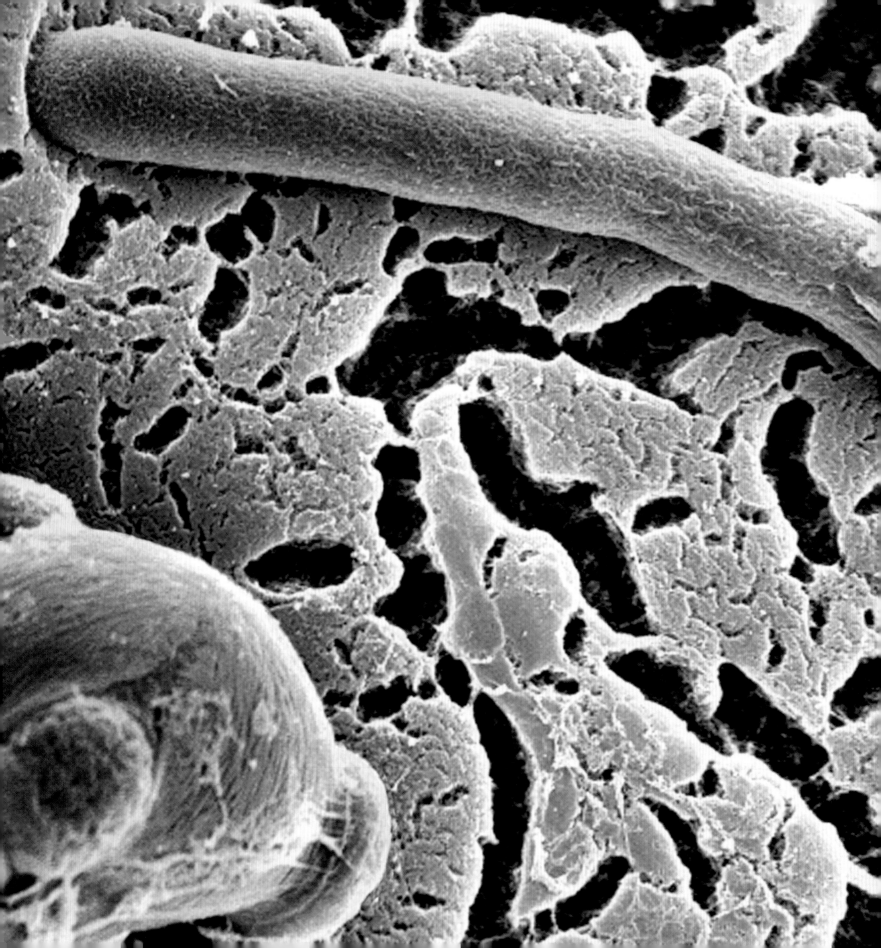

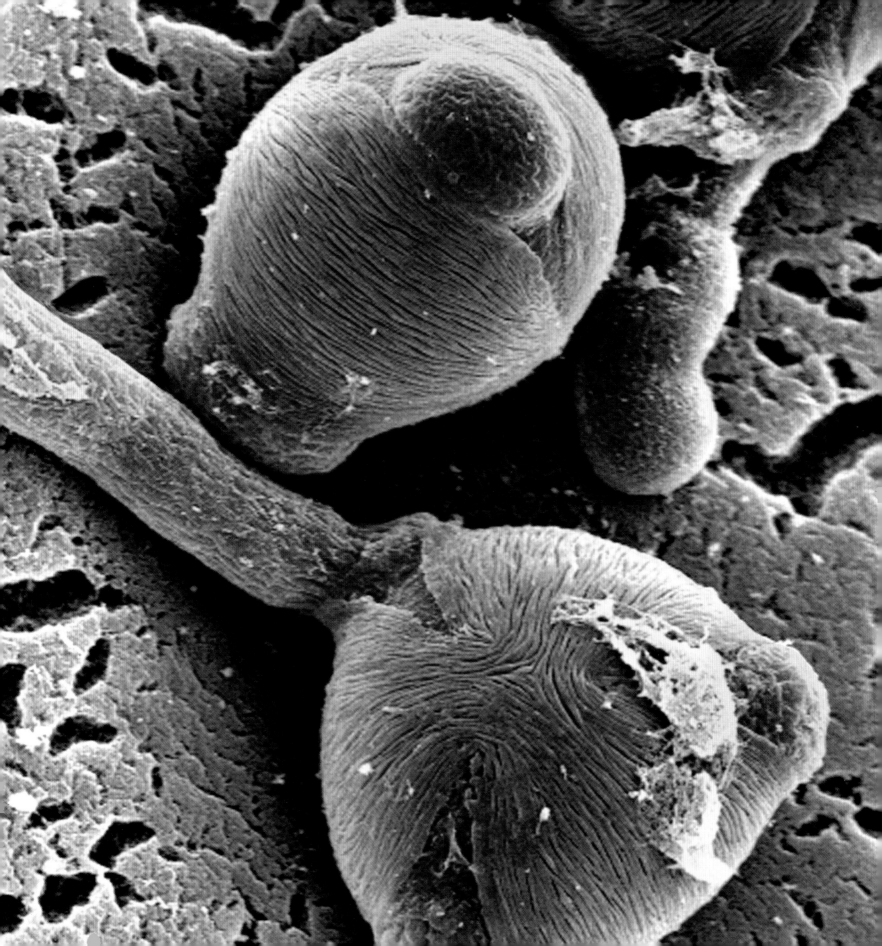

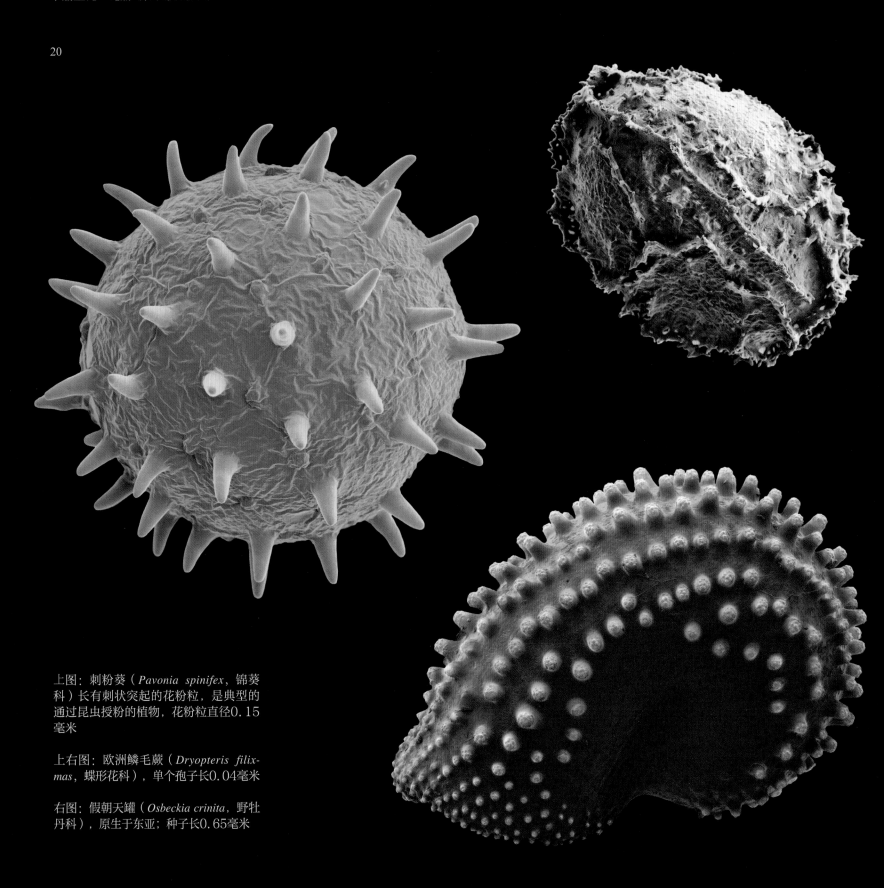

上图：刺粉葵（*Pavonia spinifex*，锦葵科）长有刺状突起的花粉粒，是典型的通过昆虫授粉的植物，花粉粒直径0.15毫米

上右图：欧洲鳞毛蕨（*Dryopteris filix-mas*，蝶形花科），单个孢子长0.04毫米

右图：假朝天罐（*Osbeckia crinita*，野牡丹科），原生于东亚；种子长0.65毫米

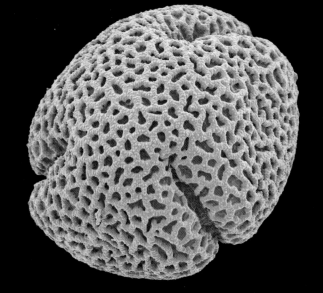

左图：花梣（*Fraxinus ornus*，木樨科），原生于欧亚大陆；花粉粒直径0.03毫米

花粉、孢子与种子的区别

孢子与花粉都源于植物，又都有一个尘埃状的外形，因此，孢子经常被比作花粉。不过，花粉粒与孢子之间存在着一个根本区别。世代交替（*Alternation of generations*，指那些有单倍体染色体的植物和那些有二倍染色体的植物）是植物独有的特性，从绿藻类，即地钱、苔藓、蕨类、针叶树及其亲属（裸子植物），到开花植物，都是如此。在动物世界没有与之对应的情形发生。

从理论上看，所有的植物生命周期相同，但结种子的植物（裸子植物和被子植物）与孢子植物（隐花植物，其名称代表了一种选择，证明了一些科学家对这种植物的一丝调侃：它的字面意味着"那些秘密交配的植物"）之间存在非常大的区别。

最上图：虞美人(*Papaver rhoeas*，罂粟科)，原生于欧亚大陆和北非；花粉粒直径0.03毫米

上图：高毛茛(*Ranunculus acris*，毛茛科)，花粉粒直径0.04毫米

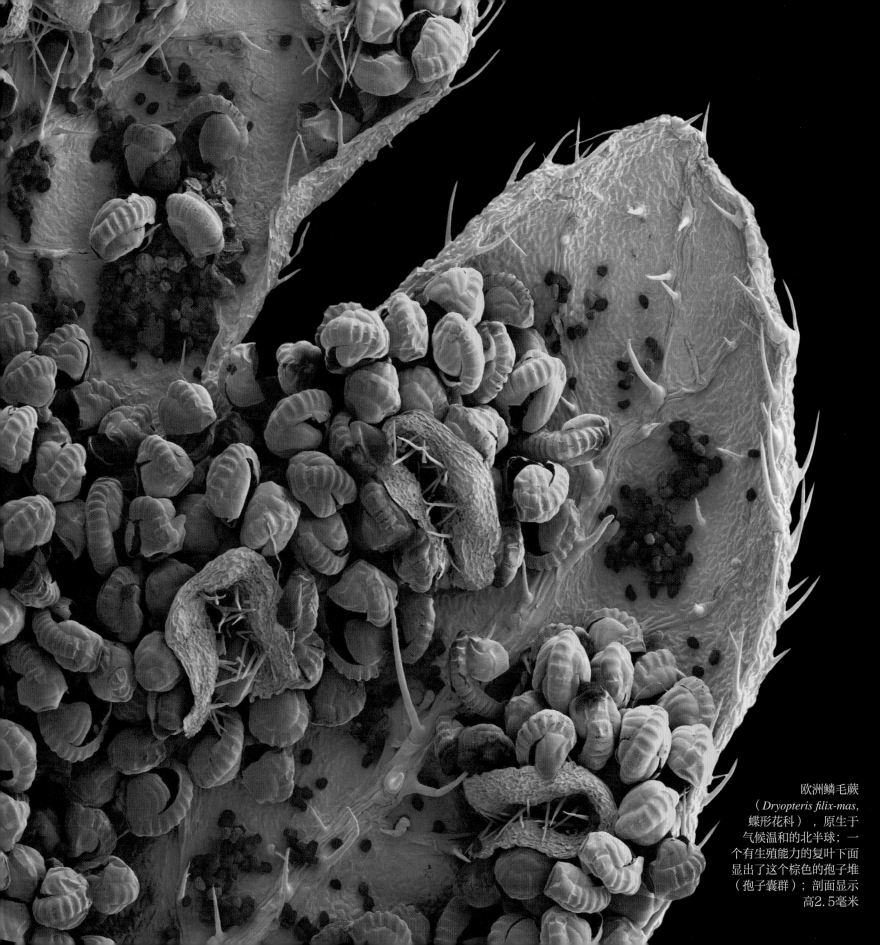

欧洲鳞毛蕨
（*Dryopteris filix-mas*,
蝶形花科），原生于
气候温和的北半球；一
个有生殖能力的复叶下面
显出了这个棕色的孢子堆
（孢子囊群）；剖面显示
高2.5毫米

那些秘密交配的植物

与被子植物和裸子植物不同，隐花植物也有一个独立的、通常能发生光合作用的绿色单倍体生殖配偶体。举一个众所周知的例子，观察一个成熟的蕨类植物的复叶下面，如欧洲鳞毛蕨（*Dryopteris filix-mas*），在它的单体嫩叶（羽片，pinnae）上，有数排微小的肾形结构，其中每一个都是一个囊群。每一个囊群下面的孢子囊都会得到保护，这些孢子囊都含有孢子。当孢子囊成熟，它们会绽开，释放大量孢子。与花粉粒类似，孢子是单倍体繁殖的。在地面潮湿的环境中，这些孢子会发芽，长成小单倍体配偶体。这些配偶体看起来与我们熟悉的蕨类植物相差悬殊，像是一种完全不同的物种，很多看起来更像地钱，而不是蕨类。在生长过程中，配偶体会在其复叶的下面长出雄性器官（精子器，antheridia）；这些器官能释放出活动的精子和含多个卵细胞的雌性器官（颈卵器，archegonia）。若有水存在（例如降雨、露珠、一条河或瀑布溅起的水雾），精子细胞群就会从一个配偶体的精子器中释放出来，辗转向大量卵细胞存在的方向游去，最后在另一个配偶体的颈卵器中静候卵细胞。就像配偶体能产生精子一样，精子和卵细胞都是单倍体，并且只拥有一组染色体。

卵细胞受精后将会含有两组染色体，它变成了双倍体，成为合子（zygote）。之后，合子会生长成夺目的、往往又十分漂亮的植物，我们叫它蕨类植物。单倍体孢子的新一代将会在这株二倍体蕨类植物的多个复叶下的孢子囊内产生，这就是新一代被称为孢子体（孢子体的英文"sporophyte"字面含义为"孕产孢子的植物"）的缘由。

隐花植物门植物的精子虽能活动，但需要有水的存在，它们才能游向一个卵细胞，最终实现繁殖，水的存在就成了它们繁殖的最大决定因素。如果它们生活在陆地，对繁殖来说非常不利。今天产生孢子的陆地植物，如苔藓、石松、木贼和蕨类，其自身仍然无力解决这个问题，不得不依赖外界的帮助，因此，它们往往生长在潮湿环境中，或者至少生长在干旱但时不时会出现湿润时期的地区，这就解释了耐旱蕨类植物的存在，如唇蕨（*Cheilanthes* species）和鳞叶卷柏（*Selaginella lepidophylla*），它们都属于石松，在半干旱栖息地生存，如北美沙漠地区。

左图： 鳞叶卷柏（*Selaginella lepidophylla*，卷柏科），原生于奇瓦瓦沙漠；这是一种"复苏植物"，能在几乎所有干旱地区生存。如果感知到周边的环境变得潮湿了，它原本紧紧卷曲的叶子就会伸展开；直径15厘米

右图：星毛蕨（*Ampelopteris prolifera*，金星蕨科），原生于东半球，包括欧洲部分热带地区；孢子体幼株从地钱状的配偶体下面长出；直径5毫米

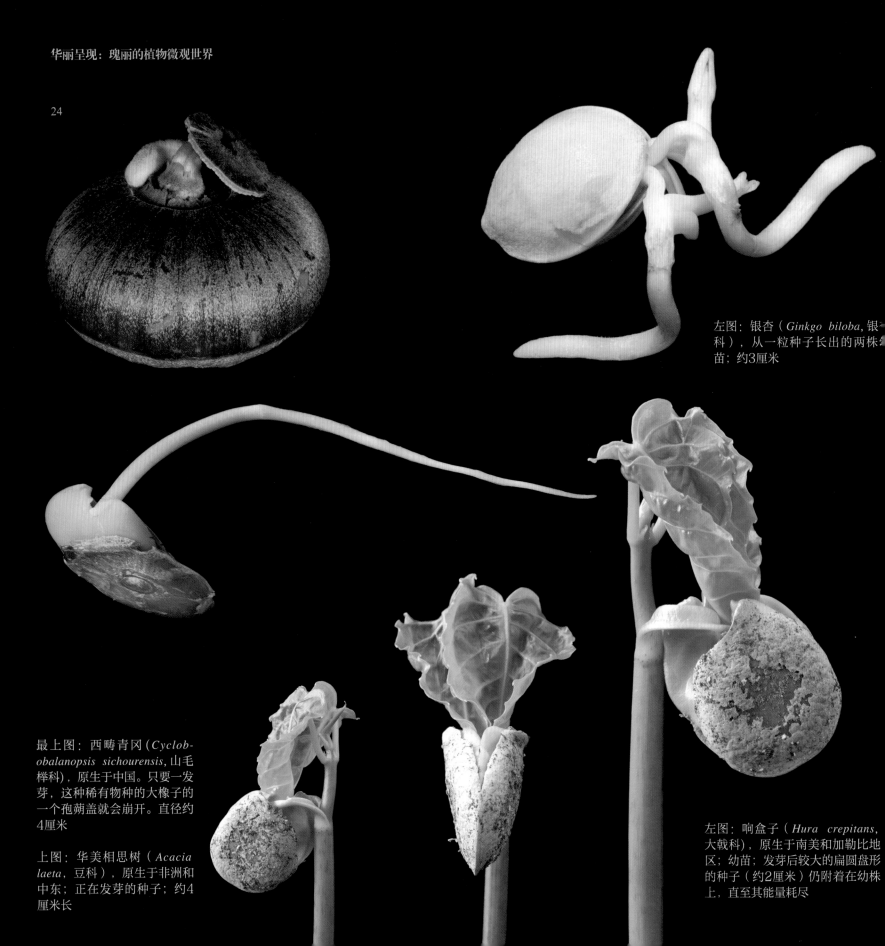

左图：银杏（Ginkgo biloba, 银杏科），从一粒种子长出的两株幼苗：约3厘米

最上图：西畴青冈（Cyclobobalanopsis sichourensis, 山毛榉科），原生于中国。只要一发芽，这种稀有物种的大橡子的一个孢蒴盖就会崩开。直径约4厘米

上图：华美相思树（Acacia laeta，豆科），原生于非洲和中东；正在发芽的种子；约4厘米长

左图：响盒子（Hura crepitans，大戟科），原生于南美和加勒比地区；幼苗：发芽后较大的扁圆盘形的种子（约2厘米）仍附着在幼株上，直至其能量耗尽

一粒种子没有匹配物

花粉和孢子的外形很相似。实际上，花粉粒是地面上丧失了发芽能力的雄性孢子，生长成众多独立的配偶体。要是一个花粉粒能长出一个花粉管（一株种子植物的缩微版雄性配偶体），就需要一个柱头（或者裸子植物中的花粉腔）上的基质为其提供营养。尽管花粉粒与孢子非常相像，但一株孢子植物的生命周期与一粒种子没有任何相同之处。与能繁殖单倍体后代的孢子不同，种子发芽时，它们会产生双倍体后代（孢子体）。

花粉、胚珠和种子的进化是裸子植物（也就是开花植物）的独有特征，是陆生植物进化的关键步骤。如此一来，它们可以不依赖水源进行有性繁殖，与长孢子的众多植物相比，这是一个巨大的优势。在种子植物中，受精后的卵细胞会在胚珠的安全环境中生长为一个新孢子体（胚芽）。在隐花植物中，合子必定会迅速长成一个新的孢子体，而一个种子植物的胚芽只会长到一个固定的尺寸，之后在种子（一个成熟的胚珠）内等待最佳发芽环境的出现，因此，两者的生长方式截然不同。在某一段短暂时间里，胚芽的活跃性不强，它由母株提供营养储备（胚乳），种皮可保护种子免于因干燥失水和遭受外界损伤。在维管植物中种子的进化意义重大，堪比爬行动物带壳的卵的进化。在潮湿的栖息地，种子会使植物脱离对潮湿环境的依赖，与此相似的是，爬行动物的卵会使爬行动物第一次成为纯粹的陆生脊椎动物。这样来说，苔藓、地钱、蕨类和蕨类同源植物更像是"两栖植物"，尽管它们是陆生植物，但依赖水来进行繁殖。

在后面的章节，我们将会展现种子的种种超凡之处，但在此之前，我们还是要近距离观察和研究花粉，这也是非常重要的。

上中图：鹰钩草（*Orthocarpus luteus*，列当科），原生于北美；种子，1.3毫米长

上右图：恒星云仙人掌（*Melocactus zehntneri*，仙人掌科），原生于巴西；附带部分"脐带"（珠柄，funicle）的种子；1.2毫米长

左图：藤黄属植物（*Garcinia arenicola*，藤黄科），是山竹果在马达加斯加的一个亲缘植物的幼苗，大约10厘米高

上图：鹿子百合（*Lilium speciosum* var. *clivorum*, 百合科），原生于日本；花朵长有较大的花药，花药内含花粉

左下图及右图：鲍登纳丽花（*Nerine bowdenii*，石蒜科），原生于南非；花粉粒，0.1毫米长

看不见的微观世界

　　我们大部分人都了解花粉，主要是因为它会弄脏衣物，或者更让人心烦的是，花粉会导致过敏反应。抛开这些刺激作用不谈，经过仔细观察，我们会发现花粉粒展现了它们作为天然结构和结构性工程的完美杰作。花粉粒的平均尺寸在 20~80 微米（1 微米等于 1 毫米的千分之一）之间，而且大部分花粉粒特别微小，人类的肉眼根本就看不见。不过，许多花粉粒实际上美得出奇。如果在一台显微镜下观察花粉粒，我们会发现自己已经进入一个奇妙的微观世界，在这里，小即是美，并且花粉小巧结构的实用性价值远超它的审美价值。花粉粒的外层包衣比较坚硬，包裹着植物精子细胞，其外观展现了不同植物物种惊人的变异幅度。这些变异通常非常精细、优美，被认为是"花粉样式"。花粉一共存在着数千种花粉样式。一般情况下，一个植物物种只会产生一个花粉样式。不过，花粉样式的数量往往不及植物物种的数量，而且某些物种之间花粉样式相同，尤其是亲缘关系十分相近的物种。有些花粉样式对大量的植物科来说非常普遍，如果产生花粉的植物不在近旁，即使是专家也很难确定产下这些花粉的植物。所以，有些植物科，如禾草（禾本科），其所有物种的花粉都极其相似。但是尽管如此，还是能准确辨认它们都是禾草花粉。

　　在大部分植物中，花粉是从成熟花朵的花药释放出来的单体颗粒。但是，在大约 50 个植物科中，至少有某些物种的成熟花粉颗粒以 4 个一组的形式散播，即"四分体"，包括许多杜鹃花科（Ericaceae）以及月见草属植物（柳叶菜科），如柳兰（*Epilobium angustifolium*）。花粉也可能会以大群组的形式散播，即多合体花粉。在多合体花粉形式下，颗粒总是以 4 的倍数存在。多合体花粉存在于金合欢（*Acacia*）和含羞草（*Mimosa*，豆科，含羞草科的子科）物种中。另外一种花粉传播单元，也就是花粉块形式，出现在另外两个很大的科中，即兰科植物（Orchidaceae）和萝藦科 [Asclepiadaceae，现在被划分为夹竹桃科（Apocynaceae）的一个子科]。此处的花粉粒出现在或多或少密实紧凑，而且连在一起的花粉块（massulae）中。

上图：赖斯氏金合欢（*Acacia riceana*, 杂交品种，豆科），原生于澳大利亚塔斯马尼亚岛；三个花粉簇（多合体花粉），0.035毫米长

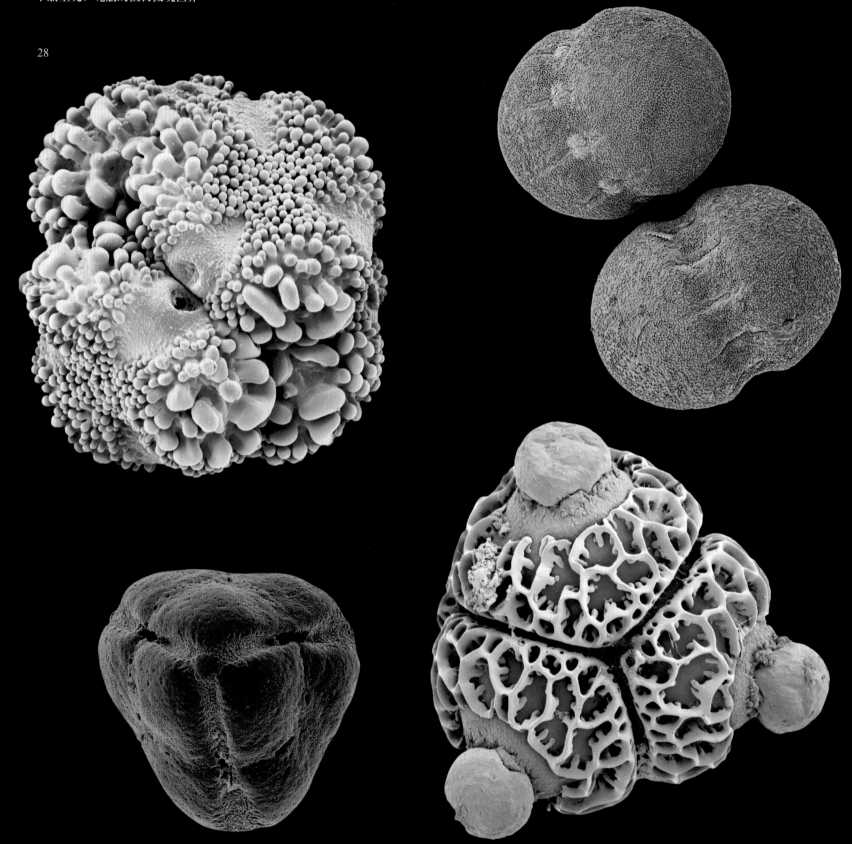

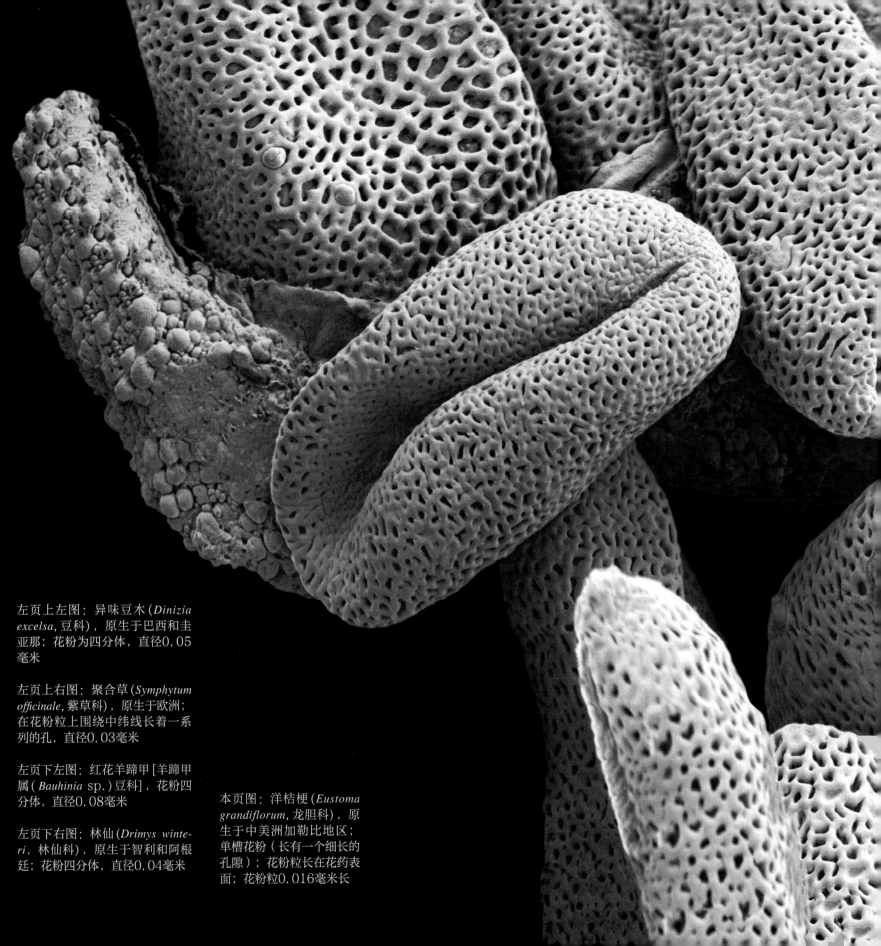

左页上左图：异味豆木（*Dinizia excelsa*，豆科），原生于巴西和圭亚那；花粉为四分体，直径0.05毫米

左页上右图：聚合草（*Symphytum officinale*，紫草科），原生于欧洲；在花粉粒上围绕中纬线长着一系列的孔，直径0.03毫米

左页下左图：红花羊蹄甲 [羊蹄甲属（*Bauhinia* sp.）豆科]，花粉四分体，直径0.08毫米

左页下右图：林仙（*Drimys winteri*，林仙科），原生于智利和阿根廷；花粉四分体，直径0.04毫米

本页图：洋桔梗（*Eustoma grandiflorum*，龙胆科），原生于中美洲加勒比地区；单槽花粉（长有一个细长的孔隙）；花粉粒长在花药表面；花粉粒0.016毫米长

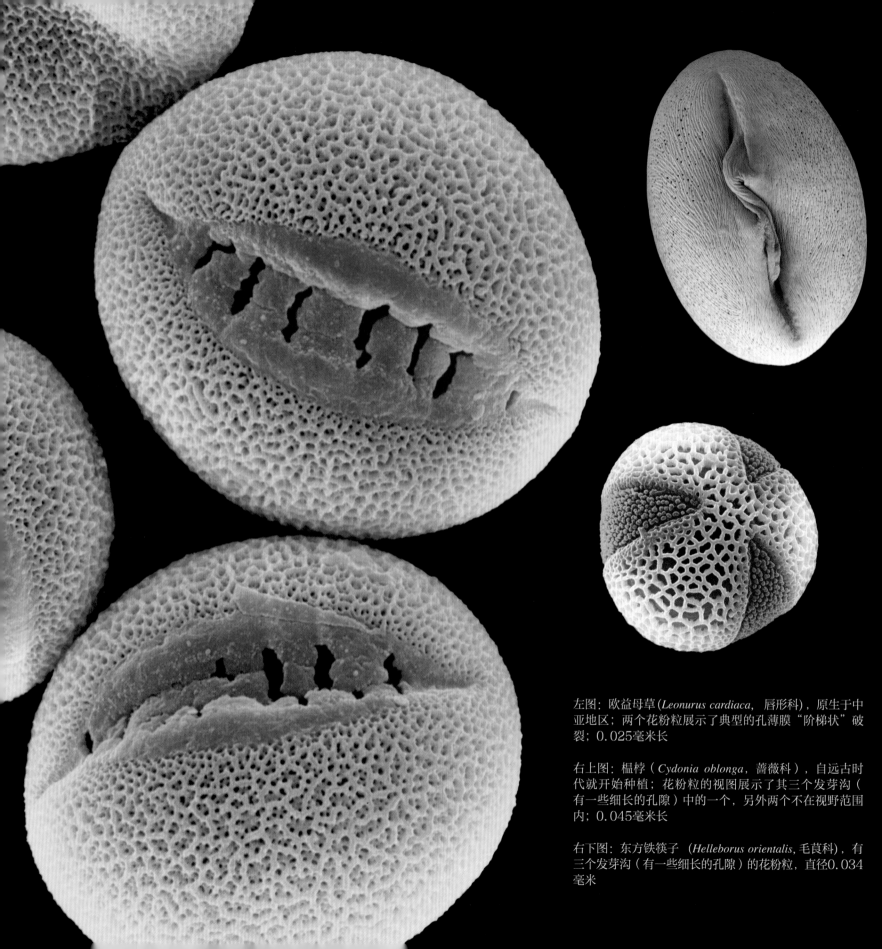

左图：欧益母草(*Leonurus cardiaca*，唇形科)，原生于中亚地区；两个花粉粒展示了典型的孔薄膜"阶梯状"破裂；0.025毫米长

右上图：榅桲（*Cydonia oblonga*，蔷薇科），自远古时代就开始种植；花粉粒的视图展示了其三个发芽沟（有一些细长的孔隙）中的一个，另外两个不在视野范围内；0.045毫米长

右下图：东方铁筷子（*Helleborus orientalis*，毛茛科），有三个发芽沟（有一些细长的孔隙）的花粉粒，直径0.034毫米

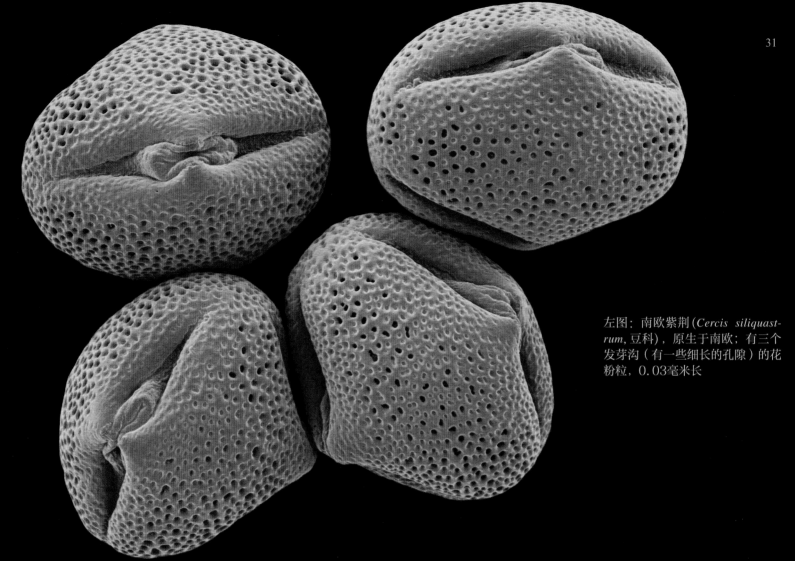

左图：南欧紫荆（*Cercis siliquast-rum*，豆科），原生于南欧；有三个发芽沟（有一些细长的孔隙）的花粉粒，0.03毫米长

孔隙

　　孔隙是大部分花粉粒的重要功能结构，是花粉壁上的一些专门的开口，发芽的花粉管携带精子细胞从花粉到达胚珠时，将通过这些孔隙离开。根据植物物种的不同，一个花粉粒的孔隙数量从一个到多个不等。已发现的最早的花粉粒化石，大约有1.2亿年的历史，只有一个细长的狭缝状的孔。木兰（木兰科）的花粉和棕榈树（槟榔科）至今仍然保持着这种特性，这两组植物代表着远古时期进化的被子植物科。然而，长有三个不分支、呈放射状分布的细长孔隙的花粉粒也在非常早期的花粉化石记录中发现了，而且，这种孔隙的结构能在很多现在仍生存着的植物上找到。例如黑铁筷子（*Helleborus niger*，毛茛科）、金缕梅（*Hamamelis* species，金缕梅科）和枫树（*Acer* species，无患子科）。

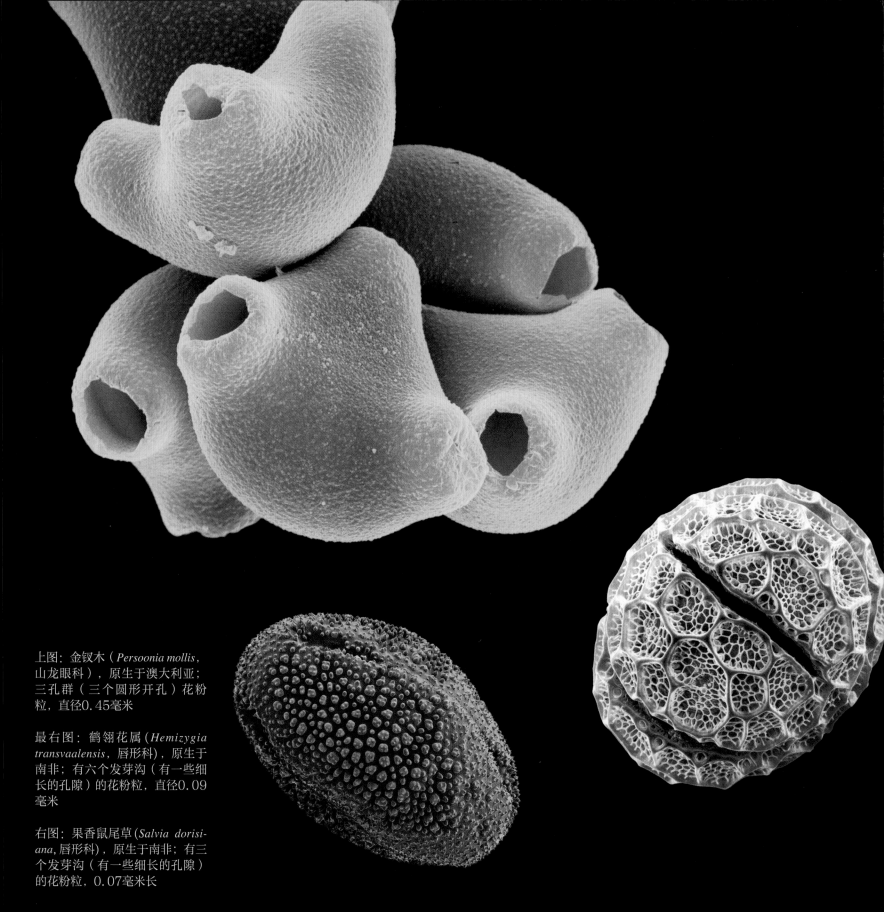

上图：金钗木（*Persoonia mollis*，山龙眼科），原生于澳大利亚；三孔群（三个圆形开孔）花粉粒，直径0.45毫米

最右图：鹤翎花属（*Hemizygia transvaalensis*，唇形科），原生于南非；有六个发芽沟（有一些细长的孔隙）的花粉粒，直径0.09毫米

右图：果香鼠尾草（*Salvia dorisiana*，唇形科），原生于南非；有三个发芽沟（有一些细长的孔隙）的花粉粒，0.07毫米长

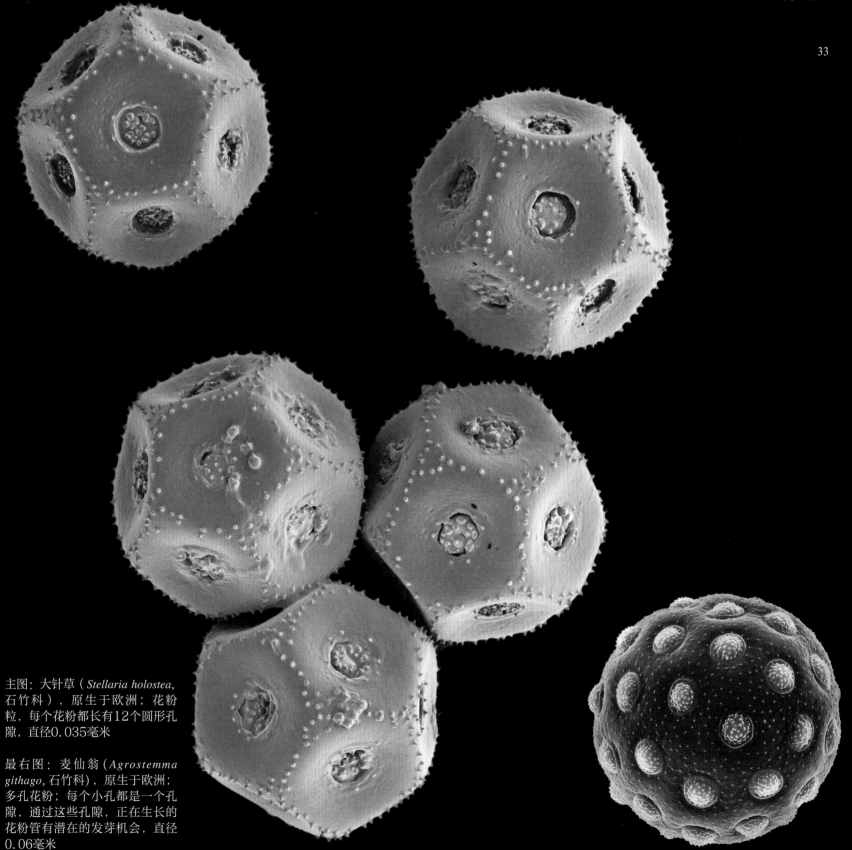

主图：大针草（*Stellaria holostea*, 石竹科），原生于欧洲；花粉粒，每个花粉都长有12个圆形孔隙，直径0.035毫米

最右图：麦仙翁（*Agrostemma githago*, 石竹科），原生于欧洲；多孔花粉；每个小孔都是一个孔隙，通过这些孔隙，正在生长的花粉管有潜在的发芽机会，直径0.06毫米

寻找另一半

　　尽管花粉是如此的美轮美奂，但它也有一个主要的缺陷。花粉无法独立移动，为了避免近亲繁殖，它迟早要设法携带精子赶到同种另外一棵植物受体（雌性）柱头的表面。为了克服这个困难，植物已经进化出多种多样的策略，以转送花粉。这些策略包括通过风媒或水媒进行的非生物性授粉和通过动物授粉。动物授粉主要是通过昆虫，还有鸟类和小型哺乳动物，尤其是蝙蝠。如果只是简单地把花粉散发到空气中，然后由风把花粉吹送到同物种植物一朵花的一个受体柱头，这对一株植物来说，不仅随意性强，而且还浪费它宝贵的能量资源。植物需要产生大量花粉粒，以确保有足够数量的花粉粒抵达它们的目标受体。因为由风授粉的植物授粉时像扬起阵阵黄色粉尘，所以风吹携的花粉往往能为人的视力所见，如松树、榛树、赤杨、桦树和禾草，这些是最让花粉症患者头疼的植物。为了给读者建立一个粗略的数量级概念，我们拿玉米来举例，一个单株的玉蜀黍（*Zea mays*，禾本科）就能产生大约 1800 万个花粉粒。

左页图：鲜花盛开的纳马夸兰——春季降雨后，南非半沙漠景观地区纳马夸兰变成了一处世界上无与伦比的天然乐园

上图：赤褐勋章菊（*Gazania krebsiana*，菊科），纳马夸兰最艳丽夺目的野生花之一

上图：欧洲桤木（*Alnus glutinosa*，桦木科），原生于欧洲；柔荑花序散播它们的花粉；请注意上面老的（上一年的）雌性球果

绿色花粉粒：普通早熟禾（*Poa trivialis*，禾本科），单孔（只有一个圆形小孔）；花粉粒，直径0.055毫米

黄色花粉粒：欧榛（*Corylus avellana*，桦木科），原生于欧亚大陆；采用非常典型的风媒散播授粉方式，花粉粒平滑，脱离了黏糊糊的花粉鞘，直径0.04毫米

风媒和水媒授粉

风媒授粉植物主要生长在授粉的动物不怎么出现，但风持续不断的地方。实际上，尽管在生成大量花粉方面风的贡献巨大，风媒授粉在植物群体中的传播效率却不敢恭维，在植物间距紧密的地方，靠风媒授粉的情况大量存在，例如北极地区的针叶树林、非洲的大草原，还有温带区的一些阔叶林。我们常见的落叶树种如赤杨、桦树、山毛榉、榛树、橡树、胡桃和所有的禾本科植物都是靠风媒授粉的被子植物。典型的风媒授粉植物开的花一般较小（大花瓣也许是花粉飘落的累赘），也没有味道；它们通常貌不惊人（在风中，色彩基本没有作用），而且是单性的。雄性花的排列方式常常为穗状花序（许多花聚成簇群），这样能够向空气中发散出大量非常微小、干燥且光滑的花粉粒。雌性花可能独立生存，或者虽以簇群方式存在，但基本上都长着较大的羽状柱头，能从空气中捕获花粉。

尽管水媒授粉的在所有非生物授粉的植物中只占大约 2%，但这种方式在很多淡水植物中得到了完美的进化，如浮萍（*Lemna* species，天南星科）和海草。海草属于亲缘关系紧密的四种水生植物科（丝粉藻科、水鳖科、海神草科和大叶藻科），是一种完全适应海水环境的独特开花型植物。许多海草长着怪异的细丝状花粉，运用水媒散播驾轻就熟，如鱼得水。例如，木枝藻（*Amphibolis antarctica*，丝粉藻科）的花粉"粒群"体长近 5 毫米，与水的密度相当，这样的话，当它们从花药脱出后，可以一直沉在水下，或者漂浮在水面上。海草的花粉以成团的方式释放，被动地由海洋潮汐运载，穿过海草生长的平滩，如在途中遇到突出的雌性柱头，就会把这些柱头缠绕起来。

上图：蒙达利松（*Pinus radiata*，松科），原生于美国加利福尼亚州；两个花粉粒，每个花粉粒都长着一对气囊，能够助力风的传播，0.06毫米宽

右图：欧榛（*Corylus avellana*，桦木科），原生于欧亚大陆；雌性花展现了其红色柱头分叉，它已蓄势待发，随时撷取空气中的花粉；它是典型的风媒授粉植物，榛树长着纤小、各自分离的雄性花和雌性花，但没有招摇的花被

动物媒授粉

植物物种中只有百分之十是靠风媒授粉；所有其他植物授粉都要依赖动物的介入来转送花粉，主要是靠昆虫，这其中必有奥妙。与风媒授粉相比，昆虫授粉更加可靠，当它们接近要授粉的花朵时，会准确地找到目标。为了搜寻通常是以花粉或花蜜的形式出现的美味，像蜜蜂和蝴蝶这样的动物传粉者会从一朵花翩翩飞舞到另一朵花，这样，花粉的传送就相对精准。因此，靠动物媒授粉的花只需要很少数量的花粉粒就能圆满完成任务，与靠风媒授粉的花相比，一种不折不扣的繁殖优势立刻凸显了出来。为了让花粉更牢靠地攀附在授粉者的身上，靠动物授粉的被子植物经常会产生尖状或者干脆是带刻纹的花粉。同样，它们的花粉粒常常包裹在花粉鞘中，这是一种黏滑的油脂包衣。黏糊糊的花粉是花朵适应环境的众多形式中的一种，是与动物传粉者一起经过了数百万年共同进化的结果。花朵也发展出了大量复杂的信号和激励对策，以吸引动物"快递员"们来运送花粉。不过，花朵所使用的"营销"手段取决于它们希望招揽哪种动物前来授粉。

右页图：一只蜜蜂正在红白蜡木（*Alphitonia excelsa*，鼠李科）的花朵上寻觅美味。

左页图：长舌蝠（*Glossophaga commissaris*，叶口蝠科）为Markea neurantha的花授粉，这是茄科（Solanaceae）的一个热带物种

本页图：是杜鹃花属栽培变种"Naomi Glow"（杜鹃花科）的特写；与被包裹在黏黏的花粉鞘内不同，这些花粉粒被没有弹性、黏性强且柔韧的"槲寄生素"线牢牢地捆扎在一起，这种"槲寄生素"线能把花粉粒粘到到访的昆虫身上

对页图：东方铁筷子（*Helleborus orientalis*，毛茛科），原生于希腊和土耳其；此图是花粉群的特写；请注意，正是这种黏糊糊的花粉鞘把花粉粒粘在一起

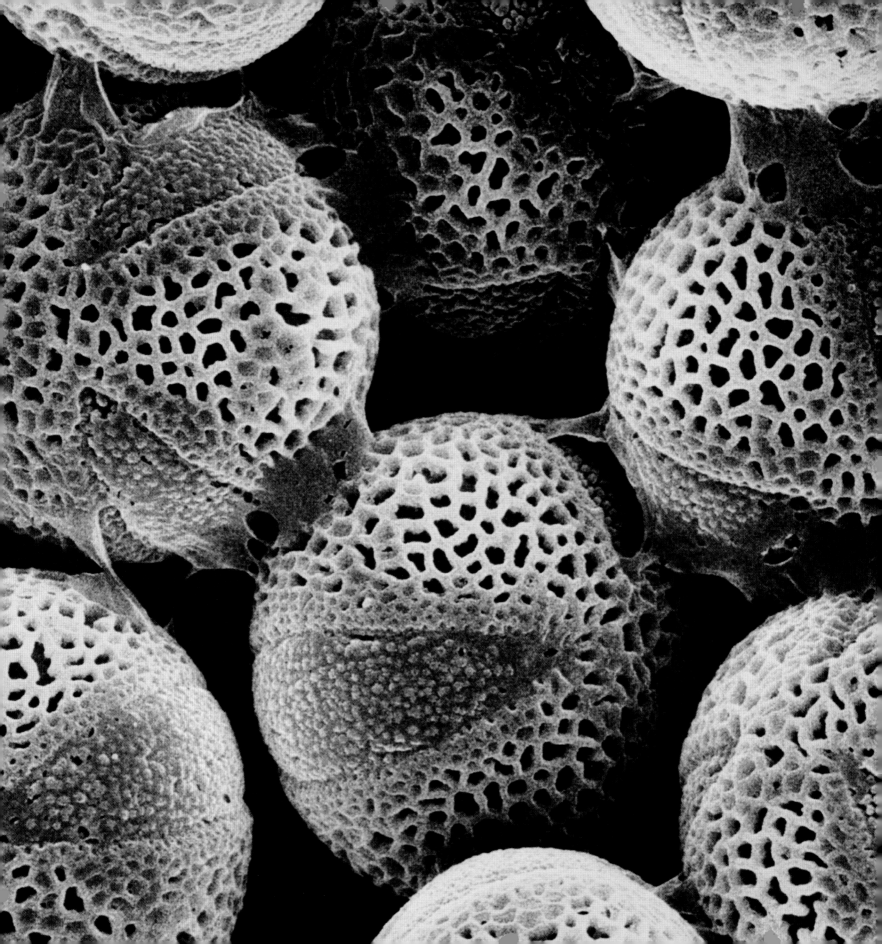

黄金豹皮花(*Orbea lutea*，夹竹桃科)，原生于非洲南部；为适应腐尸蝇授粉，花朵被细茸毛装饰成穗状（模仿一只已死亡动物的软毛），并向外散发出一种腐臭的味道

情人眼里出西施

不同的动物在体形大小、视觉能力、嗅觉感受力和偏好等方面差异较大。在漫长的历史长河中，一些特定的动物群系（如昆虫、鸟类或蝙蝠，有时候甚至是单一种类的蜜蜂、蝴蝶、蛾虫和甲壳虫）进化出了不同的癖好（如色彩、气味和事物）和身体特质（如体态大小、喙的长度），被子植物的花朵为了与动物们的这些偏好特征相匹配，与它们共同进化，也进化出一套非常高效的系统，以避免误将其他物种的花粉播存到它们自己的柱头上。对动物传粉者适应性的进化方式中包括引诱剂，如气味、花蜜和花粉，但是被子植物能产生花蜜的器官——蜜腺（nectaries）的位置更加重要，具有战略意义。这样一来，授粉的动物必须擦过花药和柱头才能抵达起到决定性作用的花蜜。动物引诱剂还包括花的气味、招眼的色彩样式（充当花蜜导游），有些时候甚至模仿、伪装成昆虫。我们今天青睐的艳丽多姿、五颜六色的美丽花朵，基本上是众多开花植物与动物传粉者们共同进化和适应演变而结出的硕果。同样，为什么有些花色彩艳丽，散发出一种怡人的芬芳（例如玫瑰或栀子花），而另外一些花则不那么招人待见，甚至令人作呕，尤其是它们为了吸引腐尸蝇，还进化出一种功能，使它们看起来和闻起来像一具动物尸体 [如魔芋属（Amorphophallus）植物、 马兜铃属（Aristolochia）植物、龙线属（Dracunculus）植物、大花草属植物（Rafflesia）和豹皮花属植物 (Stapelia)]，这也是植物与动物传粉者一起合作进化的结果。有些兰花甚至更加高明，变成了伪装高手，会伪装成动物们潜在的交配伴侣，干扰其动物传粉者的性生活，例如蜂兰属伪装成蜜蜂。当然，还可能出现另外一种情况让这位可怜的"求婚者"更闹心，那就是出现了一个雄性竞争者，这个"求婚者"必须打败这个不知好歹的 "坏家伙"才成（例如一种文心兰属植物：Oncidium planilabre）。

迄今为止，尽管昆虫是最重要的传粉者，但有许多花已经适应了脊椎动物的传粉，尤其是鸟类和蝙蝠。除此之外，还有其他一些小型哺乳动物和有袋目的哺乳动物也能担此重任。开花植物为适应某一特定种类的授粉者，与它们共同进化出了多种相互适应的功能，这种现象称为"传粉综合征"（pollination syndromes）。

上图：印度商陆(Phytolacca acinosa, 商陆科)，原生于东亚；花朵，直径 7.5毫米

左图：蜂兰（Ophrys apifera, 兰科），原生于欧洲和北非；这些花朵会模仿一只雌性蜜蜂的外观以吸引众多雄性蜜蜂，雄性蜜蜂在设法与"雌性"蜜蜂交配时，能为这些花朵授粉

昆虫授粉综合征

昆虫是最古老也是最大的授粉者族群，超过 65% 的被子植物都长着能由昆虫进行授粉的花。其中，蜜蜂、蝴蝶和蛾扮演着最重要的角色，稳居前三名。在极其漫长的演化进程中，植物与昆虫发展出了一种十分紧密的协同合作关系。植物与昆虫的这种盟友般的亲密合作对二者都非同小可，它们相互适应，相互补充，携手共赢。 植物不仅进化出适应昆虫需求的功能，昆虫也演变（共同演变）出"适应植物花朵"的本事，例如身体形态、口腔器官和觅食行为。实际上，在过去的 1.2 亿到 1.3 亿年，昆虫与开花植物间不同寻常的放射状分布和物种形成给了我们以启示：昆虫与开花植物间的相互适应、共同进化很可能是影响被子植物的起源和多样化的最重要的因素。

招蜂花

蜜蜂是昆虫中最重要的授粉族群。蜜蜂大约有 20000 个物种，其中我们熟悉的西方蜜蜂（*Apis mellifera*）只是其中的一种。蜜蜂的授粉效率非常高，多种植物与它们共同进化，各取所需，以求共赢。蜜蜂是社会型昆虫，它们采集花蜜（作为一种能量来源）和花粉（作为蜜蜂幼虫的一种蛋白质来源）来保证蜜蜂种群的生存。招蜂花（即具有一种蜜蜂授粉综合征的花）所进化出的吸引蜜蜂的激励策略则是花蜜和总是散发着香味的黏性花粉。蜜蜂的视觉范围非常广，除了红色看不到外，它甚至能感知紫外线（UV）的色彩，而人类的视觉则完全看不到紫外线。为了在植物绿叶的背景映衬下能显眼夺目，一下子就能吸引蜜蜂的注意力，黄色或蓝色成为招蜂花的主色调。如果我们视觉所看到的是明晃晃的白色，则它们大概率是强烈的紫外线反射。明显的色彩样式，俗称"花蜜导游"，向蜜蜂指明了美味花蜜的所在地：快点赶过去，有好吃的。同样的道理，人们在飞机跑道上施划的多条白色直线能引导飞机在一个安全地点着陆。这些"花蜜导游"可能在人类的视觉范围内，也可能落在我们看不见的紫外线频谱内。有一些招蜂花会给昆虫提供一个"着陆场"或花序（例如向日葵的顶端），这个"着陆场"非常平坦，是一个盘子模样的花。其他招蜂花长着两侧对称的花（花朵只是被一个单一的平面分割成镜像般的两半）；处在低位的增大唇瓣起到一个供传粉者歇脚休息平台的作用。许多演化成高级状态的科，如玄参（玄参科）、薄荷（唇形科）和车前草（车前科）都长着两侧均匀对称的花，花的花瓣都是合并在一起的，这些花瓣被塑造成管状，只有它们青睐的授粉者才能进去。例如，金鱼草（*Antirrhinum*，车前科）的花只允许那些体形高大、壮硕生猛的蜜蜂或大黄蜂进入，因为小蜜蜂个头太小，重量又轻，无法推下前面提到的唇瓣，来阻断这个花管的入口。

上图：欧洲熊蜂（*Bombus terrestris*）后腿上普通锦葵（*Malva sylvestris*，锦葵科）的花粉，尺寸范围 0.1~0.13毫米

左页上图：一只西方蜜蜂飞到矢车菊（*Centaurea cyanus*，菊科）上

左页左下图：黑心金光菊（*Rudbeckia hirta*，菊科），又称"草原太阳"，正常状态下可视的头状花序（花的头部）

左页右下图：在紫外线灯光下见到的黑心金光菊的同一头部，展现了典型的"花蜜导游"的"牛眼"形状，与蜜蜂看到的一模一样

欧洲七叶树（*Aesculus hippocastanum*，无患子科），原生于东南欧；花和花粉粒；直径0.03毫米；花朵呈两侧对称状态，花瓣上有花花绿绿的斑点，充当着"花蜜导游"，是典型的蜜蜂授粉综合征植物

迪奥卡蝇子草（*Silene dioica*, 石竹科），原生于欧洲；花朵和花粉粒；直径0.04毫米；有一个平坦的红色板型花冠（充当着陆平台），一个窄长的花管深藏着花蜜，这些都是典型的蝴蝶授粉综合征花的特质

一只帝王蝶落在一株马缨丹
（*Lantana camara*）的花上

适合蝴蝶与蛾授粉的花

蝴蝶与蛾在昆虫类授粉中也起着重要作用,两者都长着一个长长的舌(喙),这是一个专门进化的用于进食和吸吮食物的管道,长在昆虫头部的下面,不使用的时候,这个长舌像一个弹簧圈一样蜷曲着。蛾在夜间活动,对气味高度敏感;蝴蝶与蛾不同,它们在白昼活动,视觉功能强大,因此依赖视力进行活动,但嗅觉很弱。蝴蝶的视觉范围很广,甚至能辨别紫外线,也能感受红色,这与蜜蜂和其他大部分昆虫不同。典型的蝴蝶授粉的花往往气味都很清淡,但色彩十分艳丽,光彩夺目,红色、粉红色、紫色和橙色是蝴蝶最青睐的颜色。正像靠蜜蜂授粉的花一样,蝴蝶也有"花蜜导游"。蝴蝶栖息后用它们的长喙进食,这些都是进化后的适应方式。蝴蝶花可能也长着一个平坦的板状着陆平台和充足的花蜜,这些花蜜隐藏在一个细长管的底部;或者也长有花距,用来阻止长着短喙的各类昆虫接近花朵。

与蝴蝶相似,蛾也进化出了从管状花朵中蘸食花蜜的器官,花蜜是它们主要的食物来源。不过,由于它们是夜行动物,蛾们更容易被气味所吸引,花的颜色对蛾基本不起作用。由蛾授粉的植物开的花通常是白色或淡粉红色,没有"花蜜导游";这些花会在夜间绽放,散发出浓郁的甜美香味,芬芳扑鼻,人类常常被这种花的芳香吸引,踯躅回望。许多花也长着长花距,以适应蛾的某些特定物种,这有助于预防在它们的柱头上储存多余的花粉。

长期以来,花儿与它们偏爱的授粉者群体相互适应、共同进化,两者之间的这种共生关系展现得十分明显,已然成为科学发现的依据。有鉴于此,查尔斯·达尔文(Charles Darwin)就预言了长距彗星兰(*Angraecum sesquipedale*)的授粉者,即使这个授粉者从未在达尔文面前露过面。当他观察到这个30~35厘米长的巨大中空花距嵌在这朵花的背部时,就判断必定有一种昆虫为其授粉,这种昆虫的舌头足够长,以便能抵达中空花距基部的花蜜所在地。他还推断这种昆虫大概率是蛾。

左图:尾茄花(*Anthocercis ilicifolia*,茄科),原生于澳大利亚西部。我们并不清楚这种花的授粉者的底细,但它淡淡的气味提示我们,它应该是通过蛾来授粉的

上图:长距彗星兰通过长喙天蛾(*Xanthopan morganii praedicta*)进行授粉,这种昆虫的舌非常长,足以抵达这个巨大花距(30~35厘米长)的底端,能揽这"瓷器活儿"的独此一虫

50 　　达尔文去世几十年后，事实证明他的预言不虚。在 20 世纪初，一只长着 22 厘米长喙的大天蛾在马达加斯加被发现，随即确定了其拉丁语名称长喙天蛾（*Xanthopan morganii praedicta*），"praedicta"意思是"预言的，预测的"。尽管对这种授粉者的惯例性拉丁语命名和一般的描述发生在 1903 年，但最后铁一般的事实证明了查尔斯·达尔文对这种天蛾的确是长距彗星兰的授粉者的预言无比正确，只不过此时距离他的预测已过了漫长的 130 年。1992年，德国动物学家勒兹·瓦塞豪尔（Lutz Wasserthal）参加了一个赴马达加斯加的科学考察队，在其天然栖息地探索谜一般的天蛾。这次科考非常成功，瓦塞豪尔返回时携带了考察中拍摄的大量照片，第一次用确凿无疑的证据证实了长喙天蛾确是长距彗星兰的授粉者，此举引起了巨大轰动。但关于为什么这种天蛾演化出如此反常的超长舌器官，人们还是心存疑虑。其实，答案就藏在天蛾的进食策略中。大部分天蛾在进食时悬停在花的前面，瓦塞豪尔相信这种极长的昆虫喙和空中悬停的动作是为了防止捕食者的伏击而进化的适应性功能，如隐藏在花丛中觅食的蜘蛛一般。进食时，只有长着超长喙的天蛾才能处在觅食蜘蛛们的攻击范围之外，从容地享用花蜜。可能的进化情形是，天蛾为了保障自身的安全，发展出了它们的超长口舌用来防御，随后，花朵也演变了自己的外形，以招揽已事先适应好这种形状花朵的天蛾来成为自己的授粉者。

左图：染料凤仙花（*Impatiens tinctoria*，凤仙花科），原生于非洲；长有暗红色带斑点的缩口管，长长的蜜腺距；夜间散发出怡人的芳香。很显然，这种热带凤仙花的花朵已适应了蛾授粉

右页图：瓜叶栝楼（*Trichosanthes cucumerina*，葫芦科），原生于亚洲；只适应蛾授粉，气味浓烈。这种热带和亚热带攀缘植物开花时会绽开像饰带一样的白色花，而且只开一夜。人们种植这种植物的主要目的是需要它的果实，这种果实极长，外形长得像蛇，在亚洲被当作一种蔬菜食用

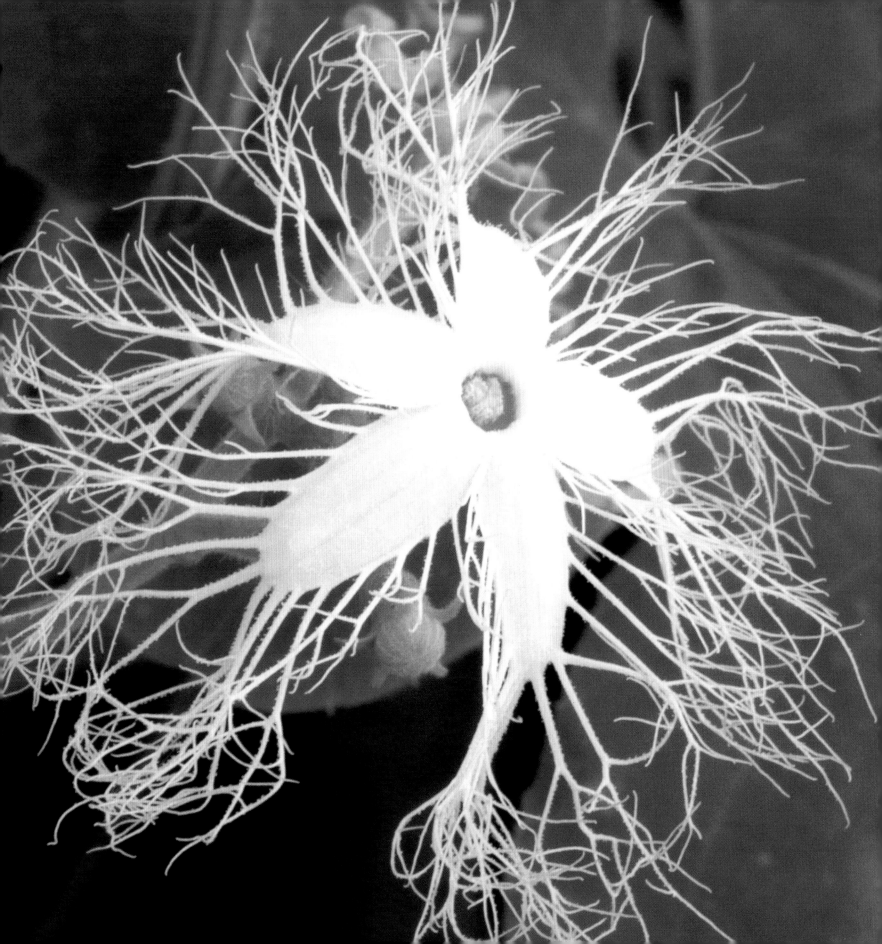

昂天莲（*Abroma augustum*，锦葵科），原生于亚洲和澳大利亚；开灯笼般的紫褐色花，通过纤小的寄生苍蝇（叶蝇科）授粉，这些苍蝇的幼虫在蚂蚁和鸟类巢穴里搜集有机物为食

蝇科昆虫和甲虫也能授粉

蝇科昆虫和甲虫在植物的授粉活动中起的作用较为次要，但仍然不可或缺。一些特定植物为共同适应这些动物而进化的多种授粉综合征令人拍案叫绝，堪称经典，尤其是依赖蝇科昆虫作为授粉者的情形。蝇科昆虫授粉有两种模式。其一是蝇媒，由那些规律性地食用花粉和花蜜的蝇科昆虫完成授粉，如食蚜蝇。另外一种模式是依靠那些进食污秽粪便的蝇科昆虫和食腐肉的蝇科昆虫授粉，它们靠粪便或腐烂的肉为生，它们也同时在这些地方产卵。那些与大部分大戟树（*Euphorbia* species）相像的蝇媒花朵通常颜色较浅淡，花蜜也容易被授粉者获取，它们也会散发出气味，但通常很轻微，几乎闻不到。靠食腐肉的蝇授粉的植物会伪装成难以下咽的食物，还能开出花朵，这些花朵的外形和气味与正在腐烂的有机物差不多，使食污秽粪便的蝇科昆虫养成靠近并采食花粉的习惯。这些花通常呈现偏暗的棕色，接近暗紫色 [如昂天莲（*Abroma augusta*），锦葵科] 或绿色 [如绿萝桐（*Deherainia smaragdina*），假轮叶科]。它们的特点是会散发出一种令人作呕的腐臭气味。某些食用污秽粪便和腐肉的甲虫也会被这些花朵吸引，但另一些花则专门为食用花粉的甲虫量身定做。由于甲虫体重较重，极具破坏性，因而这类花朵往往很大，并且很结实，呈碗状（如木兰属、罂粟属、郁金香属）。一些小花朵如果一簇一簇地集中绽放，呈现十分紧密的形态，也能吸引甲虫，就像胡萝卜科（伞形科）的许多物种一样。靠甲虫授粉的花可能是无气味的，或者散发出一种浓烈的水果味（如美国蜡梅，*Calycanthus floridus*），还能提供足量花粉给这些甲虫作为授粉的奖励。不过，这类花一般只有很少量的花蜜，或者干脆就不产出花蜜。花的颜色范围通常从暗白色到暗紫色，但也有鲜红的色彩来充当"花蜜导游"，如虞美人（*Papaver rhoeas*）和郁金香（*Tulipa aememsis*），这两类花主要靠金龟子科甲虫授粉，其次是蜜蜂。

上图：月儿萝藦（*Huernia hislopii*，夹竹桃科），原生于非洲；这是一种典型的腐肉花，它能模仿正在腐烂的肉类的外形和气味，进食腐肉的蝇科昆虫常常在此产卵。上当受骗的一众蝇科昆虫把它们产的卵存放在花的缩口管上（请注意卵的白斑块），这些卵孵化的昆虫稀里糊涂地就成了授粉者

右图：加州夏蜡梅（*Calycanthus occidentalis*，蜡梅科），美国加利福尼亚州的本地独有品种；图示灌木丛中这些又大又结实的花朵由甲虫来授粉

褐喉食蜜鸟（*Anthreptes Malacensis*）

鸟类授粉综合征

　　所有由动物授粉的开花植物的近 80% 都已进化出适应昆虫授粉的功能。不过，许多热带物种的花经过演化，已能准确无误地吸引鸟类前来授粉。在大多数居功至伟的鸟类授粉者中，进化完美、武功高强的当属美洲长喙蜂鸟（蜂鸟科）、分布在非洲和亚洲的太阳鸟（太阳鸟科）以及澳大利亚的蜜雀（吸蜜鸟科）。像蝴蝶一样，鸟类的色彩分辨能力极佳，而嗅觉较弱。适宜鸟类授粉的花朵往往都没有气味，但色彩十分鲜亮，相当夸张、抢眼，特别是红色、粉红色、橙色、黄色甚至绿色，或者是这些颜色杂七杂八地混合搭配在一起。这些花朵的外形千差万别，甚至相差悬殊。如果是太阳鸟或蜜雀来授粉，植物的茎干、花梗或旁边还在含苞待放的花蕾就会成为鸟儿们临时栖息的场所。在澳大利亚，班克木属、银桦和山龙眼科中的蒂罗花属，还有桃金娘群中的桉属植物（*Eucalyptus*）所开的单个花朵都很小，但会形成较大、坚固、像刷子一样的花簇，用来吸引食蜜鸟。

　　能飞抵一些花朵并悬停的鸟类，大部分是长喙蜂鸟。飞鸟悬停的这些花朵没有可供鸟类栖息的场所，但在它们分泌花蜜的器官底部，长着又长又硬的花管，花朵在这里分泌大量花蜜，易于消化，富含葡萄糖。通常，靠蜂鸟授粉的花会轻轻摇摆或晃来晃去，这样，鸟儿们就不得不悬停在这朵花的下方，把它们的喙向上伸出，插入到长长的蜜腺距里。在聚精会神地享用花蜜的过程中，这只鸟的头部会粘满花粉。鸟类进食器官和植物花管二者的长度相互适应，为共同进化而来，长期以来一直广泛存在着，就像靠蝴蝶和蛾授粉的花一样。

上图：艾林欧石南（*Erica regia*，杜鹃花科），原生于南非独具特色的高山硬叶灌木群落植被；下垂的管状红色花朵成了鸟类授粉综合征的广告招牌。太阳鸟会以这些花朵的花蜜为食，而花朵所依生的花枝非常结实，不易折断，对于款待太阳鸟的落栖，简直是小菜一碟

左图：蒂罗花（*Telopea speciosissima*，山龙眼科），是澳大利亚新南威尔士的土生土长的植物；敦实的花序结构和鲜艳夺目的红色表明这是如假包换的鸟类授粉综合征植物。在其原生地新南威尔士，蜜雀（吸蜜鸟科）是这种花的主要授粉者

蝙蝠授粉综合征

迄今为止，在哺乳动物的范围内，热带蝙蝠在授粉活动中扮演着最重要的角色，是绝对的主角。在世界上已出现的大约 1000 个蝙蝠物种中，大部分都以昆虫为食。尽管如此，在"新世界"（New World，指美洲，下同）和"旧世界"（Old World，指东半球及欧洲部分地区，下同）的蝙蝠中，有两个种群已单独进化出一种进食花粉、花蜜和果实的嗜好。在旧世界的热带地区，果蝠或狐蝠科的狐蝠喜欢素食，它们是大蝙蝠亚目（大蝙蝠）中唯一的科，之所以得此名，是因为它们是世界上最大的蝙蝠（"Macrochiroptera"中的"Macro"有"巨大"的意思）。尽管这个科的最小成员的尺寸从头到尾只有 6~7 厘米，但狐蝠（*Pteropus species*）身体能够长达 40 厘米，翼展甚至达到 1.7 米。狐蝠科广泛分布于非洲、亚洲和澳大利亚的热带和亚热带地区，其物种数量超过了 160 个。它们在新世界的喜欢花和果实的同类体形一般都较小，属于小翼手亚目（小型蝙蝠）的叶口蝠科（美国叶鼻蝙蝠）。旧世界的果蝠长有相对简单的听觉器官，而新世界的果蝠的导航则依赖其复杂的回波定位系统，这是两者的明显差异。狐蝠科没有回声定位的器官，它们依赖视觉躲避障碍物，同时，靠嗅觉追踪气味，找到花和果实，其中只有一个例外，那就是埃及果蝠（*Rousettous egyptiacus*）。这两个群系在进食习惯上也存在小小的差别。旧世界的果蝠既能完全靠花粉和花蜜为生，也能以果实填饱肚皮，而它们在新世界的堂表兄弟姐妹们则基本上没能共同进化出一套食素的本领；新世界果蝠为摄取大量蛋白质而捕食昆虫。典型的蝙蝠授粉的花显现出一系列独有的特性。它们在夜间开花，体形较大，开口很宽，形状为钟形或圆盘形，以与一只蝙蝠的头部相匹配；结构坚实，颜色暗淡（从白色到奶油色，但有时也呈粉红色、紫色或褐色，甚至有时还会有绿色），蝙蝠授粉的花会散发出一种强烈的卷心菜的味道，或是果实发酵的气味，能分泌出大量湿漉漉的花蜜。一般而言，蝙蝠授粉的花长在叶子外面，便于蝙蝠接近，它们除了直接依靠树干和较大的枝杈的支持，也依赖树枝悬垂的条条长茎。

吊瓜树（*Kigelia africana*，紫葳科），是非洲的热带本地植物，其花朵呈栗红色，富含花蜜，散发出馥郁的芬芳，这种非洲树悬垂着长长的如绳索般的茎秆，蝙蝠可以轻松地飞抵。尽管蝙蝠是吊瓜树的主要授粉者，但昆虫和太阳鸟的授粉作用也不可忽视。

典型的蝙蝠授粉的花

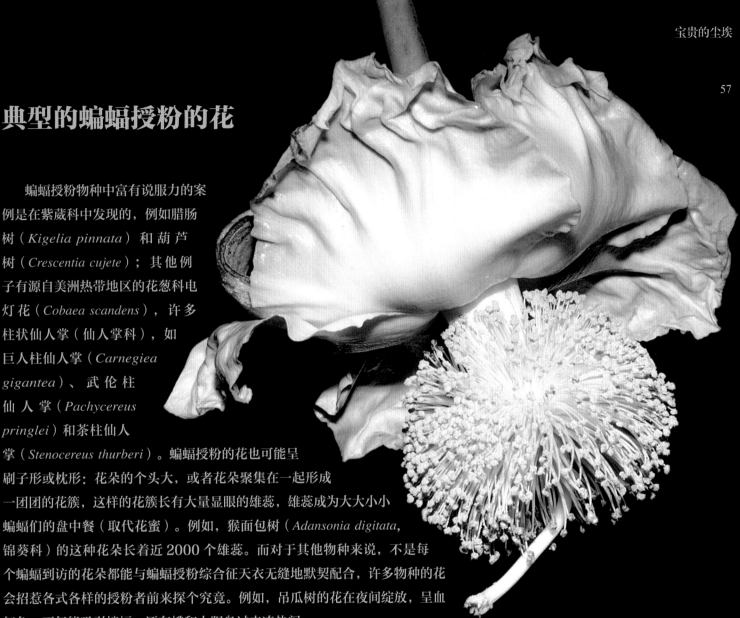

蝙蝠授粉物种中富有说服力的案例是在紫葳科中发现的，例如腊肠树（*Kigelia pinnata*）和葫芦树（*Crescentia cujete*）；其他例子有源自美洲热带地区的花葱科电灯花（*Cobaea scandens*），许多柱状仙人掌（仙人掌科），如巨人柱仙人掌（*Carnegiea gigantea*）、武伦柱仙人掌（*Pachycereus pringlei*）和茶柱仙人掌（*Stenocereus thurberi*）。蝙蝠授粉的花也可能呈刷子形或枕形：花朵的个头大，或者花朵聚集在一起形成一团团的花簇，这样的花簇长有大量显眼的雄蕊，雄蕊成为大大小小蝙蝠们的盘中餐（取代花蜜）。例如，猴面包树（*Adansonia digitata*，锦葵科）的这种花朵长着近 2000 个雄蕊。而对于其他物种来说，不是每个蝙蝠到访的花朵都能与蝙蝠授粉综合征天衣无缝地默契配合，许多物种的花会招惹各式各样的授粉者前来探个究竟。例如，吊瓜树的花在夜间绽放，呈血红色，不仅能吸引蝙蝠，还有蛾和太阳鸟过来凑热闹。

猴面包树（*Adansonia digitata*，锦葵科），原生于非洲；直径10~20厘米的巨大白花会在夜间开放，悬垂在长茎秆上，散发出沁人肺腑的甜蜜芳香，蝙蝠可以轻松地飞抵，进食大白花所蕴含的丰富花蜜。雄蕊的这种粉扑状结构是典型的蝙蝠授粉花形式，有这样的结构，当浑身长毛的探访者到来时，一定会全身粘满花粉

蜜袋貂（*Tarsipes rostratus*, 蜜貂科），这种娇小的澳大利亚有袋类动物完全以它从无数花朵中采集的花蜜和花粉为生，尤其是山龙眼（山龙眼科）又长又窄的花朵，它是一个高度可靠的授粉者。这种有袋类动物的窄鼻子凸了出来，牙齿不多，或干脆就不长牙齿，长着一条长长的舌头，舌尖像个毛刷，这些器官特征完全代表着其专门的进化

外来授粉者

在热带和亚热带地区这类物种丰富的众多栖息地，其他大量小哺乳动物在它们觅食时会转运花粉。旅人蕉（*Ravenala madagascariensis*，鹤望兰科）尽管主要是通过鸟类授粉，但对狐猴授粉也来之不拒、多多益善。据报道，在夏威夷，一种夜间活动的体形较小的鼠类，也称为"白眼睛"，会爬到露兜树（*Freycinetia arborea*，露兜树科）上，啃咬花序中汁水丰润的苞片，而植物盛开的花序本是为了吸引果蝠的，不料让"白眼睛"抢了先。在澳大利亚，有大量的小型有袋类动物在觅食时会转运花粉，其中一些动物没有显示出作为授粉者的任何适应性的变化，而另一些如蜜袋貂的确是毋庸置疑的授粉者。这种蜜袋貂，长着极其夸张的突出口鼻，以山龙眼（山龙眼科）又长又窄的花朵所产生的蜜为食，它的牙齿不多，或几乎不长牙齿，舌头窄长，舌尖像毛刷。

万年青（*Rohdea japonica*，天门冬科）原产自中国和日本，它的花朵的传粉方式属于最怪异的方式之一。万年青花朵散发面包腐烂的味道，吸引着蛞蝓和蜗牛，这两种动物喜食万年青肥厚鲜嫩的花朵，它们饱餐一顿后，黏滑的身体上粘满了花粉，慢慢爬行，四处授粉。蛞蝓和蜗牛的授粉方式十分罕见，仅仅其他六个植物物种中发现过，主要是天南星科植物，如水芋（*Calla palustris*）、海芋（*Colocasia odora*）、羽叶喜林芋（*Philodendron bipinnatifidum*），浮萍（*Lemna minor*）。

动物授粉的优势

开花植物除了拥有各自不同的授粉者之外，还要尽力避免与近亲杂交（同系繁殖）。这种极其高效的隔断机制会促使许多新物种在相对短的时间里进化出来，即使在它们的第一代和第二代极近亲的范围内。已适应某一种特定花的授粉者会在同一物种的两朵花之间穿行很长的距离。在某一固定空间，如果每个种群有一定数量的高等级物种，而每个物种的个体数量又不多，这就会使植物群系更加多样化。实际情况中这种策略完美展现的最佳案例是兰花。兰花的物种超过 18500 个，其花朵是所有被子植物中最复杂的，还是地球上最大也是最成功的开花植物族群。在马来西亚基纳巴卢山（婆罗洲），只有经过极其严格进化的授粉机制才能使 750 多个兰花物种在这条山脉同时生存。授粉完成后，一旦它的胚珠繁殖结束，一朵花的下一步就预备着长成一个果实：它的花瓣渐渐枯萎、脱落，胚珠长大，慢慢变成种子，子房也开始生长，给正在生长的种子提供空间，子房壁最后会变成果实外壁，也就是果皮（*pericarp*）。

海枣（*Phoenix dactylifera*，棕榈科），人类已驯化超过一千年，很可能源于美索不达米亚；果实个体大约4厘米长

果实与种子

何为水果？何为蔬菜？

在进入果实的奇妙世界之前，我们需要先回答一个问题，这个问题看似很简单但又颇具欺骗性：什么是水果？每次购物时，我们都会无意中走入一个与常规定义不一致甚至相矛盾的误区。苹果、橙子和香蕉毫无疑问是水果。一提到水果，我们自然而然地想到它们应当满足我们的一些需求：柔软或松脆，果肉多汁，味道甜美，直接食用就能享受它们的原汁原味。我们大部分人也都具备这样一个常识：一株植物若要结果，必须先开花。所以，果实生长的黄金标准是：要是不开花，别想结果实。但在现实中不开花就结果的情况又是怎么回事？购物时，我们可能会想象，一罐由胡萝卜（*Daucus carota*，伞形科）或大黄叶柄（*Rheum × hybridum*，蓼科）制成的果酱，如果这罐酱料是严格按照相关规定生产并张贴标签的，那么这个标签必定会告知我们果实的含量。

至此，具备植物学知识的读者朋友会意识到所述内容存在一定程度的前后不一致。酱料的制造商们毕竟不是植物学家，他们基本上不了解或者不需去了解果实与主根或叶柄的区别。但这其中似乎存在着一种替代性的解释。再回到日常生活中每周一次的超市购物，我们还是会毫不犹豫地选择可食用的植物部位，笃定地认为这就是"蔬菜"。

蔬菜为我们提供了一种完全不同的厨艺体验——虽然烹饪后的蔬菜美味不减。蔬菜的味道通常不甜，但一般很可口，尽管存在一些例外的情形。某些蔬菜如莴苣和萝卜，生吃最佳，但实际上人们往往会烹饪加工它们，还会添加一些调味品来增强和改善多少有些平淡的味道。

苦瓜（*Momordica charantia*，葫芦科），原产于旧世界（即非美洲大陆）的热带地区，很可能来自印度。但在今天，非洲、亚洲和加勒比地区已广泛栽种苦瓜，主要食用其带苦味的果实；18厘米长

左页图：果实和蔬菜大拼盘，包括木薯、番荔枝、椰枣、火龙果、榴梿（多刺的大果实）、小黄瓜、杧果、山竹、木瓜、菠萝、石榴、红毛丹、人心果、莎隆果、阳桃、甜百香果、甘薯、芋头、山药和鸭梨

已驯化的胡萝卜（*Daucus carota* ssp. *Sativus*，伞形科），尽管一个胡萝卜果酱罐上的标签标注了它的"果实含量"，但这种主要蔬菜的可食用部分实际上是它的粗根，而不是果实；胡萝卜个体（不带叶子）一般为20~25厘米长

波叶大黄（*Rheum rhabarbarum*, 蓼科），这是一种"类水果"蔬菜，其食用部位是长而多肉的叶柄；叶柄长40~60厘米

南欧蒜 [*Allium ampeloprasum*（韭葱群）， 石蒜科]，是洋葱和大蒜的一种同源植物，这种普通蔬菜的食用部分包括叶子；整个植物大约有90厘米高

侍弄小地块的园艺爱好者们还将会了解到，许多蔬菜并不是从花朵长成的。它们往往是由植物的某种其他部位构成，如叶子（生菜、卷心菜和菠菜）、叶梗（芹菜、大黄）、主茎干（芦笋）、根部（甜菜、胡萝卜和萝卜）、地下部分块茎（土豆、洋姜）、鳞茎（洋葱、大蒜）甚至幼花序（洋蓟、西兰花和花椰菜）。

不过，还有许多蔬菜的确是从已成功授粉的花朵子房长成，如黄瓜、笋瓜、南瓜、青豆、甜豌豆和西红柿。这个种类蔬菜的更多外来物种有牛油果、茄子、苦瓜和佛手瓜。但它们是"真正"的蔬菜吗？回到一开始我们关于果实的定义表述，这些蔬菜难道不能被叫作"果实"吗？毕竟，它们是从花朵发展而来，而且通常含有种子，符合果实的特点，且这种特点只有果实才有。

南欧蒜 [*Allium ampeloprasum*（韭葱群），石蒜科] 叶子的横截面显示这种海绵状组织（叶肉）是典型的叶子结构；叶子厚1.2毫米

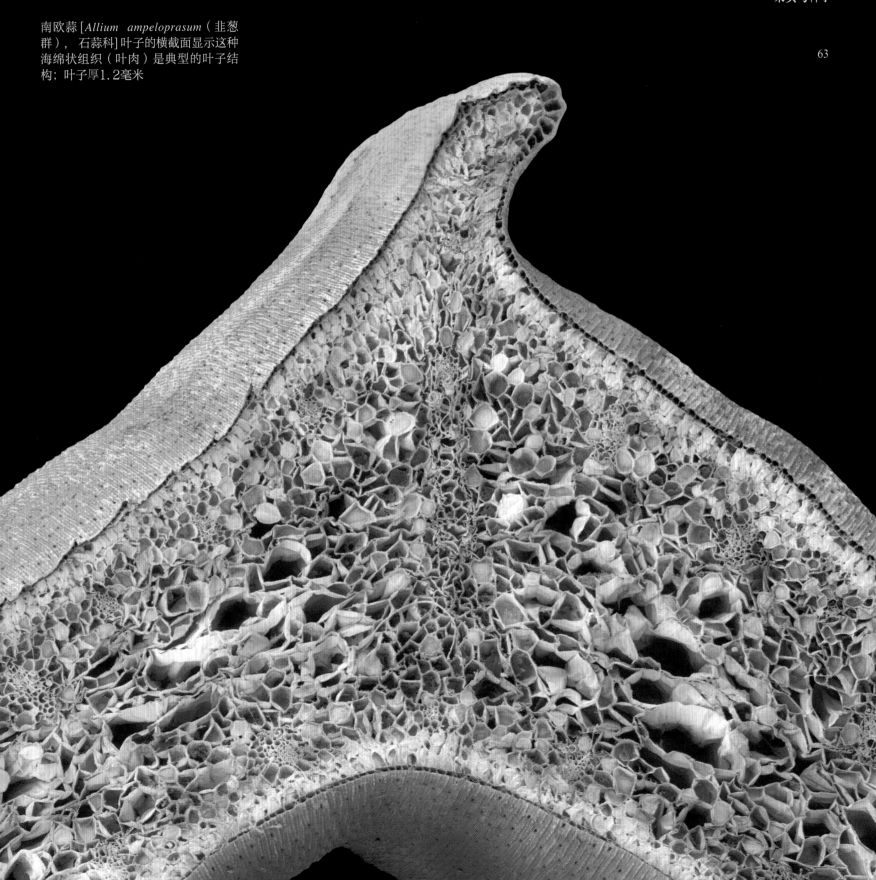

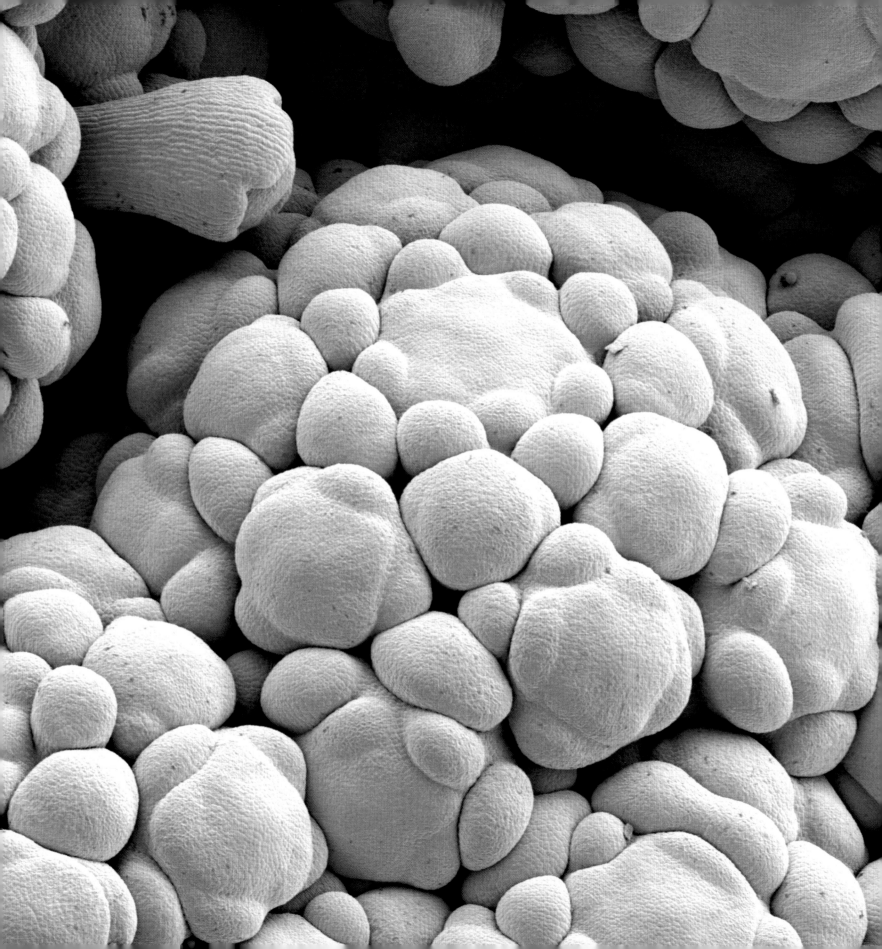

下图和中图：花椰菜 [*Brassica oleracea*（葡萄孢群），十字花科]，这种普通蔬菜的可食用部分是它果肉多的未成熟花头，颇受人们喜爱，直径大约14厘米

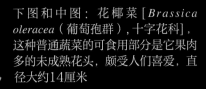

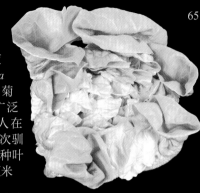

右图：卷心莴苣（*Lactuca sativa* var. *capitata*，菊科），在全球广泛分布。古埃及人在2500年前就首次驯化了莴苣作为一种叶菜。直径约20厘米

上图：法式早餐萝卜（*Raphanus sativus*，十字花科），这种萝卜水灵灵脆生生，味道辛辣，其凸起的主根是一种制作夏季沙拉的原材料，丰富沙拉的色彩，使沙拉看上去花花绿绿。单个萝卜的直径为1.5~2厘米

左页图：花椰菜 [*Brassica oleracea*（葡萄孢群），十字花科]，这个特写展示了紧紧裹在一起的未成熟花蕾，截面宽2毫米

右图：羽衣甘蓝 [*Brassica oleracea*（Capitata群），十字花科]，这是传统德国人餐桌上不可或缺的一种蔬菜，是"德国式小香肠"和"醋炖牛肉"的佐餐，又叫"紫叶甘蓝（Rotkraut）"，是一种美味的叶子蔬菜；直径16厘米

右图：甜菜 [*Beta vulgaris*（菜用甜菜群），苋科]，尽管它的叶子也能食用，但甜菜的根被种养成可食用的胀大的下胚轴（胚胎轴），它们富含叶酸。甜菜根呈现红色的原因是它含有化学物质甜菜苷，这种化学物质在消化过程中不会被分解，所以人们食用后排泄出的小便和大便都是红色的；直径5~8厘米

左图：皱叶甘蓝 [*Brassica oleracea*（皱叶甘蓝群)，十字花科]，中世纪时期法国的萨伏伊地区首次发现这种蔬菜，这种甘蓝由于长着蜷曲皱巴但又很漂亮的叶子，因此很容易辨认；直径26厘米

左图：马铃薯(*Solanum tuberosum*，茄科)，这种可食用的块茎含淀粉，由地下生长的肥厚茎块（根状茎）组成，这些茎块又很容易长出多个新芽，这些芽能长成新的植株；原产于安第斯山脉；5~6厘米长

左页图：一个马铃薯的一只"眼睛"的特写，它长着三个新生发的芽；最长的芽大约4毫米长

左图：菠萝(*Ananas comosus*，凤梨科)，是原产于南美植物，人类自古代开始就对它进行驯化。菠萝是凤梨科植物的唯一物种，人们喜欢它的果实，因此种植菠萝完全是出于商业目的。大约25厘米高

下图：小番茄(*Solanum lycopersicum*，茄科)，一种相对晚近的西红柿品种，味道特别可口，老少皆宜；果实个体3~4厘米长

西红柿是水果还是蔬菜，这是一个最有典型意义的问题。事实证明，这个问题极具争议性。历史上，这个看起来无关紧要的划分曾经引发轩然大波，在当时由于牵涉利益集团甚众，各方互不相让，争执不下，以至于被诉至美国最高法院，这就是著名的尼克斯（Nix）诉赫登（Hedden）案 (149U. S. 304)。最高法院于 1893 年 5 月 10 正式做出裁定，认为西红柿应当被划分为一种蔬菜，最高法院作出这项裁定的依据之一是 1883 年 3 月 3 日的关税法案。根据该法案，当时进口蔬菜需要进行征税，但不对进口水果征税。尽管最高法院作出了这样一个权威性的裁决，但不把西红柿划定为水果主要是出于政治考量，而正确合理的科学理由在彼时则被抛在一边，置之不理。

为解决这个进退维谷的难题，我们可以从科学家的客观立场去寻找答案。实际上，从科学角度看，"蔬菜"是一种烹饪说法，而不是一个科学术语，其定义具有主观色彩，比较武断，因此必然导致其含义的模糊不清，引发歧义。另外，蘑菇甚至并不属于植物，蔬菜水果商贩们怎么会把它归为蔬菜？如此的定义造成了诸多混乱，"蔬菜"这个词已从植物学家的科学词汇表中删除，不再使用，而"果实"这个术语只适用于长种子的器官，这包含已驯化植物的果实，例如香蕉、供食用的葡萄和菠萝，这些果实经人类培育已变成无籽的了。

左图：小果野蕉 [*Musa acuminata* (AA 群)，形状像"松脆饼"，芭蕉科]，一种个头娇小，味道非常甜美的香蕉品种；果实个体大约12厘米长

上图及右图：嫩茎花椰菜 [*Brassica oleracea*（硬花甘蓝群），芸苔科]，与花椰菜相同，可食用部位是其果肉厚实、未成熟的花头，这种蔬菜风靡全球，广受大众青睐，最早源于大约2000年前的意大利；直径为16厘米

主图片：一个嫩茎花椰菜头的特写显示了一簇未成熟的花芽。表面上这些可见的麻点是气孔（呼吸孔），非常细小，展示的部位为3.5毫米宽

草莓(同物异名，*Potentilla × ananassa* 或*Fragaria × Ananassa*，蔷薇科)，据我们已有的了解，在草莓的幼果形成过程中，众多独立心皮有序排列在一个凸面花轴中。随着这个花朵慢慢变为果实，这个花轴会长成果实中可食用的多肉的部位。心皮本身会演变成许多微小的棕色小果仁，小果仁会沉降到果肉厚的花托中。那些个体心皮不凋落的花柱形成了草莓粗糙、多刺毛的纹理质地；直径1.2厘米

果实的真正本质

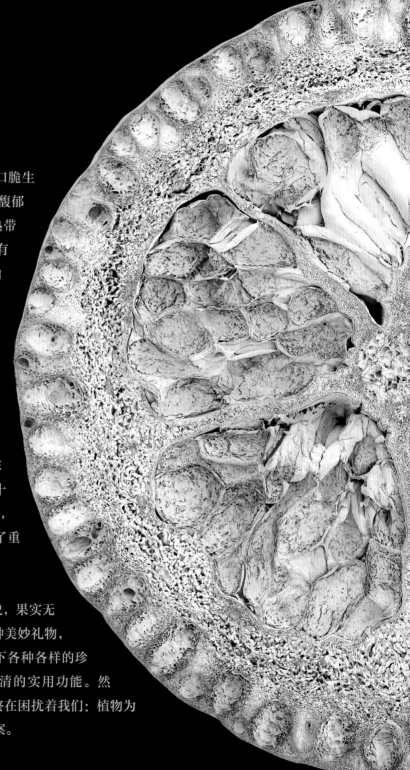

"果实"这个词使我们联想到很多画面：咬一口脆生生、汁水直流的苹果，甜甜的樱桃，芬芳馥郁的美味草莓和很多让人馋涎欲滴的各色热带水果，如香蕉、菠萝和杧果。世界上一共有大约2500种可食用热带水果，但大部分由本地人在当地就吃光了。尽管如此，无论这些水果是产自热带、亚热带，还是温带地区，我们还是会绞尽脑汁，想方设法去用它们的美味来征服我们的味蕾，可能生吃、晾干、烹制或做成蜜饯，还会把它们放进酸奶、冰激凌、果酱和饼干后再吃，或者是放入汁液类饮品、咖啡或酒精饮料。有一些果实也可作为调味品使用，如干胡椒、肉豆蔻、小豆蔻、丁香和红辣椒。在所有这些调味品中，香荚兰（*Vanilla planifolia*）的发酵荚果（豆子）是最金贵的，它是巧克力、冰激凌和其他多种甜食的调味料，价格不菲。其他种类，如油棕（*Elaeis guineensis*）和木樨榄（*Olea europaea*），经过压榨能产出十分贵重的油脂。当然，还有其他无数果实成为某些天然原材料的来源，如纤维、染料和药品，或者仅仅是作为装饰品，在人类生活中起到了重要作用。

金柑（*Citrus margarita*，芸香科），已驯化数百年，可能源自中国南方；图示为果实的横切面；柑橘果实的可食用部分包含极小的"果汁囊"，这种果汁囊是从子房壁的内表面生长而来的；直径2.1厘米

对于我们人类来说，果实无疑是大自然馈赠的一种美妙礼物，它不但让我们尽享天下各种各样的珍馐美味，还有着数不清的实用功能。然而，有一个问题却始终在困扰着我们：植物为什么能产出如此海量的各类果实？在前面的内容中我们还没有给出答案。

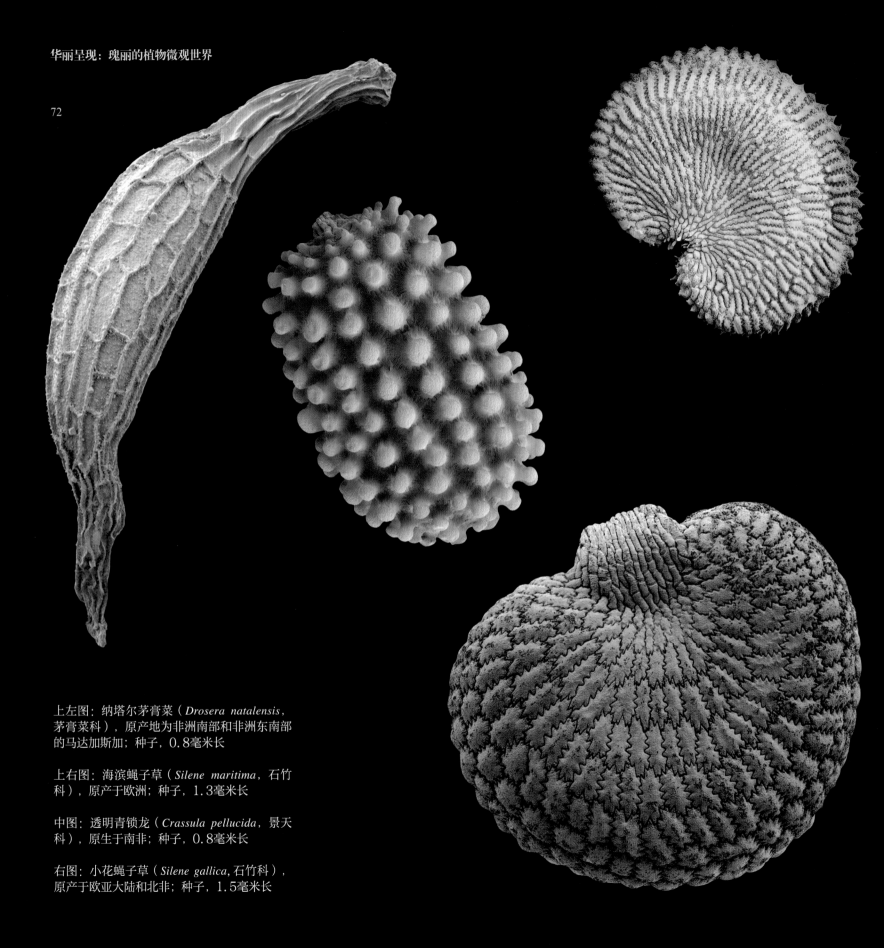

上左图：纳塔尔茅膏菜（*Drosera natalensis*，茅膏菜科），原产地为非洲南部和非洲东南部的马达加斯加；种子，0.8毫米长

上右图：海滨蝇子草（*Silene maritima*，石竹科），原产于欧洲；种子，1.3毫米长

中图：透明青锁龙（*Crassula pellucida*，景天科），原生于南非；种子，0.8毫米长

右图：小花蝇子草（*Silene gallica*，石竹科），原产于欧亚大陆和北非；种子，1.5毫米长

繁缕属植物（*Stellaria pungens*，石竹科），
原产地为澳大利亚；种子，1.5毫米长

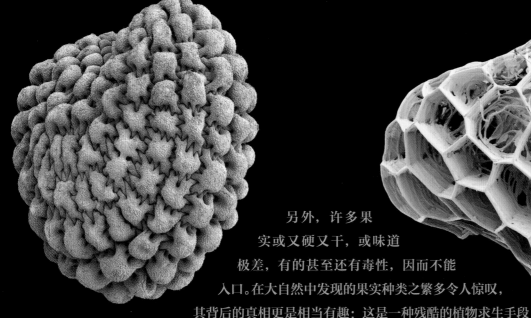

　　　　　　　另外，许多果
　　　　　实或又硬又干，或味道
　　　　极差，有的甚至还有毒性，因而不能
　　　入口。在大自然中发现的果实种类之繁多令人惊叹，
　　其背后的真相更是相当有趣：这是一种残酷的植物求生手段
的组成部分。植物所滋养和护佑的种子是最为复杂、最为珍贵的器官，之所以如
此是因为它们能传宗接代，承担物种繁衍的重任。暂且撇开花粉不谈，种子是植物
中唯一能移动的器官。与动物不同的是，植物扎根于大地，矗立在同一个位置。不过，
在大多数情形下，一粒种子在其出生地发芽生长并不是一件好事。秧苗大概率会与它的母株
以及兄弟姐妹争抢宝贵的空间、阳光、水和营养物。它们也许还会遭遇其他恶劣和危险的环境，
如遇到不同的天敌和罹患各种疾病，可能是其母株早已引祸上身，殃及其他。四处移动使种子能有开疆扩
土的机会，从而扩大了物种的生存空间。如此进化最后的结果就是：不仅植物个体，甚至整个
物种都需要种子抵达一处合适的地点稳定下来，生根发芽，繁衍子嗣。一个果实一旦成熟，就
必须以某种方式实现其真正的生物性功能，也就是传播种子。

火焰草（*Castilleja flava*，列当科），
原产于北美；种子，1.5毫米长

　　　果实和种子在一棵植物的生命周期中所扮演的关键角色，揭示了植物在长期进化过程中演变出大量播撒手段的真
相。这些功能性的适应能力表现的形式可以十分显而易见，也会带给人以美感（例如，靠风媒播撒种子的美国梧桐和
白蜡树的有翼果实），或者拥有与复杂的工程零部件相似的结构。为什么长久以来那么多的生物学家和虽然不是生物
学家但从事与此相关工作的人员对果实和种子的传播如此着迷，这样说来也就不奇怪了。果实和种子的播撒方式——
无论是风媒、水媒、动物媒和人类传播，还是靠植物本身的爆裂性力量，都表明它们的色彩、大小和形状似乎是无穷
无尽的。

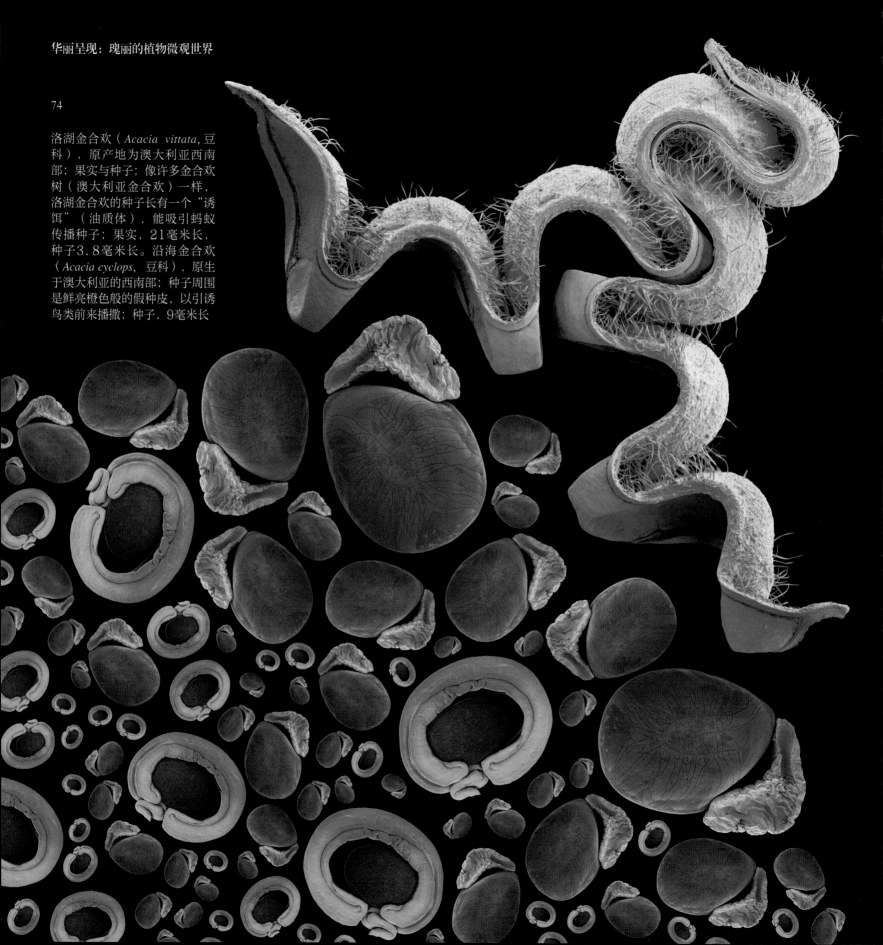

洛湖金合欢（*Acacia vittata*，豆科），原产地为澳大利亚西南部；果实与种子；像许多金合欢树（澳大利亚金合欢）一样，洛湖金合欢的种子长有一个"诱饵"（油质体），能吸引蚂蚁传播种子；果实，21毫米长，种子3.8毫米长。沿海金合欢（*Acacia cyclops*，豆科），原生于澳大利亚的西南部；种子周围是鲜亮橙色般的假种皮，以引诱鸟类前来播撒；种子，9毫米长

多种多样的播撒方式

　　有的果实成熟后会裂开，把种子撒播在外部环境中（开裂的果实），有的则不会（成熟时不开裂的果实）。根据果实种类的不同，传播单元即传播体（*diaspore*）的本质，也会有所变化。在蒴果（*capsules*）和其他开裂的果实中，种子自己就承担了传播体的功能。在成熟时不开裂的果实中，例如浆果（berries，有肉质果实壁）、坚果（nuts，有又硬又干的果实壁）或核果（drupes，有一层肉质果实外皮，在中心种子周围还有一个硬果核），传播体就是这个完整的果实。还有一些果实，当它们成熟时本身就是一个完整成熟的花序或果序（infructescence）。我们比较熟悉复合果实（compound fruits）的例子，包括菠萝（*Ananas comosus*，凤梨科）和一些桑科植物中味道甘美的物种如桑葚（*Morus nigra*）、无花果（*Ficus carica*）以及最引人注目的热带水果波萝蜜（*Artocarpus heterophyllus*）。其中波萝蜜这种水果的长度能达到惊人的 90 厘米，重量直奔 40 千克上下，不愧为地球上树生品种中的果实之王。

　　传播体也可由种子、整个果实、果序或果实片段构成。在槭树（*Acer* species，无患子科）中，果实一直保持封闭状态，但会破裂开，分为两半，称为"小果实"（fruitlets）。无论它们的传播体的核心是什么，植物传播种子都遵循三个主要方式：依赖自然（风媒和／或水媒）；果实主动传播；或者通过长期适应，驱动或引诱动物当"快递员"来为它们服务（动物传播）。在种子植物中发现的大量传播体基本上都是适应这几种传播机制而进化的结果。只要瞥一眼传播体的外观，对它的传播策略基本上就能了解个大概，它的外形、颜色、坚度和大小显示出了它的传播方式。

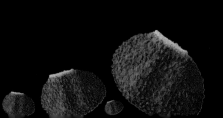

琉璃繁缕（*Anagallis arvensis*，报春花科），原产于欧洲；这种绯红色紫繁萎的蒴果张开时会打开一个盖，能让种子脱落出来。当路过的某只动物触碰蒴果，或者风吹动旁边的植物，这些植物会擦拂这个蒴果，长在果子顶端的这种坚硬、不凋落的花柱也会有助于这个蒴果去除果盖；果实，直径4毫米

上图：
缘翅牛漆姑（*Spergularia media*，石竹科），原产地为欧亚大陆和北非；风媒播撒，其边缘的翼会在传播时给予助力;直径1.5毫米

左图：粗毛牛膝菊（*Galinsoga brachystephana*，菊科），是中美洲和南美洲的本地植物；这个物种小小的果实长得像毽子，在这样的小果实里，改性花萼的伞状花序枝起到了小羽翼的作用；2.5毫米长

左图：彩色龙面花（*Nemesia versicolor*，车前科，英文种名源自南非荷兰语），原产于南非；种子边缘长着翼，有助于风媒散播；2.4毫米长

上图：美洲升麻（*Cimicifuga americana*，毛茛科），原产于北美东部；这种植物的种子裂片外形奇怪，是长期适应风媒散播的一种进化结果；4.3毫米长

多花土连翘（*Hymenodictyon floribundum*，茜草科），原产于非洲；种子长得极薄，边缘长着一个翼，靠风媒散播；8.2毫米长

风媒传播

　　传播体最明显的进化标志是那些便于风媒传播（风力传播，*anemochory*）的器官。翼、茸毛、羽毛、降落伞或气球状的气室就是风媒传播综合征的迹象。这类结构性的专业特征提高了空气动力学的性能或空气浮力。这种特性会出现在种子中或者直接就存在于果实自身，如果这些果实成熟时不开裂的话。无论是哪种器官进行风媒传播，构成这类结构的通常是充满空气的、死亡的细胞，这些细胞的壁较薄，因而使整体重量能够保持在最低水平。

　　由风力作为媒介为植物传宗接代，尽管看起来似乎并不靠谱，也无法预知，但风力传播的确也具备特定的一些优势。气流可能非常强劲，一场风暴会携风带雨，把一个果实或一粒种子冲运至很远的距离，有时甚至会有数千米之遥。好风凭借力，搭顺风车也是一桩很省力、划算的买卖，因为引诱动物来"送快递"需要有充足的回报来作为激励手段，靠风来传播就没有这个必要了。传播体散播在哪里完全依赖风的方向和强度，这是风媒传播最大的劣势。所以，风媒传播的随意性极强，甚至有些资源浪费。大多数风媒传播的种子注定被湮没于苍茫大地，因为它们无法自主到达一处能长成一株新植物的适宜地点。但由于不必为更可靠的动物传播提供物质激励，因此至少能节省一部分能量，这些能量可以用来产出更大数量的种子，以便允许浪费一部分种子。

柳兰（*Epilobium angustifolium*，柳叶菜科），原生于北半球；种子有一簇细茸毛，有利于助风传播；0.95毫米长（不计算细茸毛）

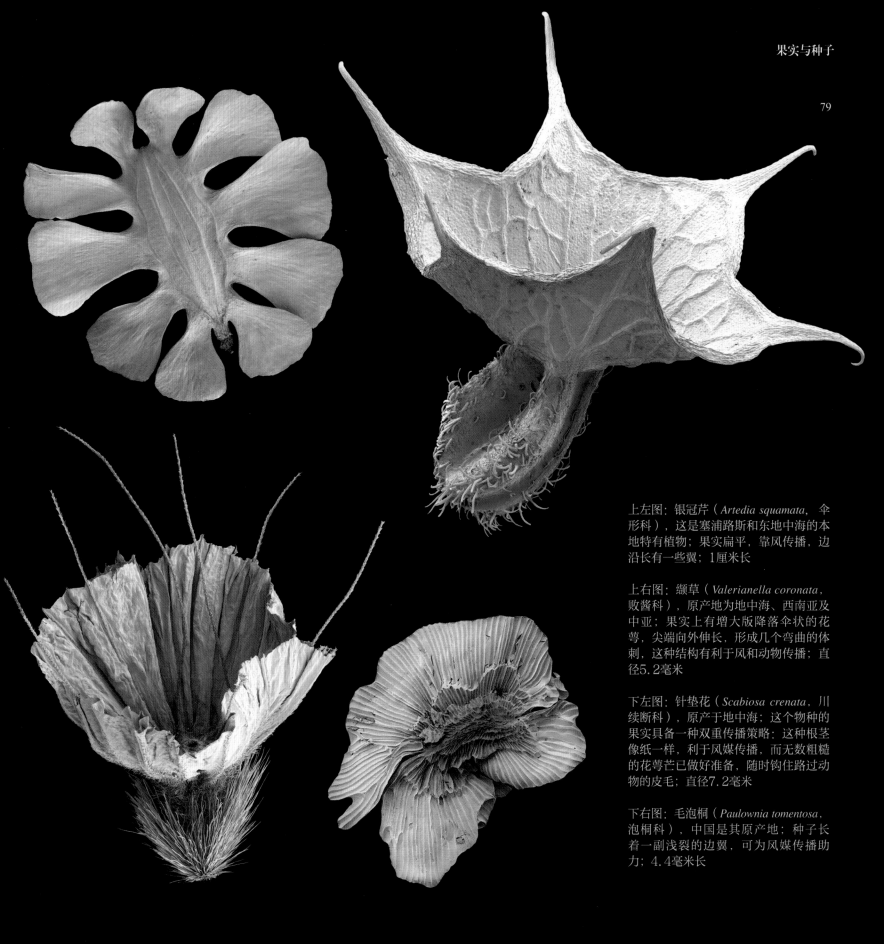

上左图：银冠芹（*Artedia squamata*，伞形科），这是塞浦路斯和东地中海的本地特有植物；果实扁平，靠风传播，边沿长有一些翼；1厘米长

上右图：缬草（*Valerianella coronata*，败酱科），原产地为地中海、西南亚及中亚；果实上有增大版降落伞状的花萼，尖端向外伸长，形成几个弯曲的体刺，这种结构有利于风和动物传播；直径5.2毫米

下左图：针垫花（*Scabiosa crenata*，川续断科），原产于地中海；这个物种的果实具备一种双重传播策略：这种根茎像纸一样，利于风媒传播，而无数粗糙的花萼芒已做好准备，随时钩住路过动物的皮毛；直径7.2毫米

下右图：毛泡桐（*Paulownia tomentosa*，泡桐科），中国是其原产地；种子长着一副浅裂的边翼，可为风媒传播助力；4.4毫米长

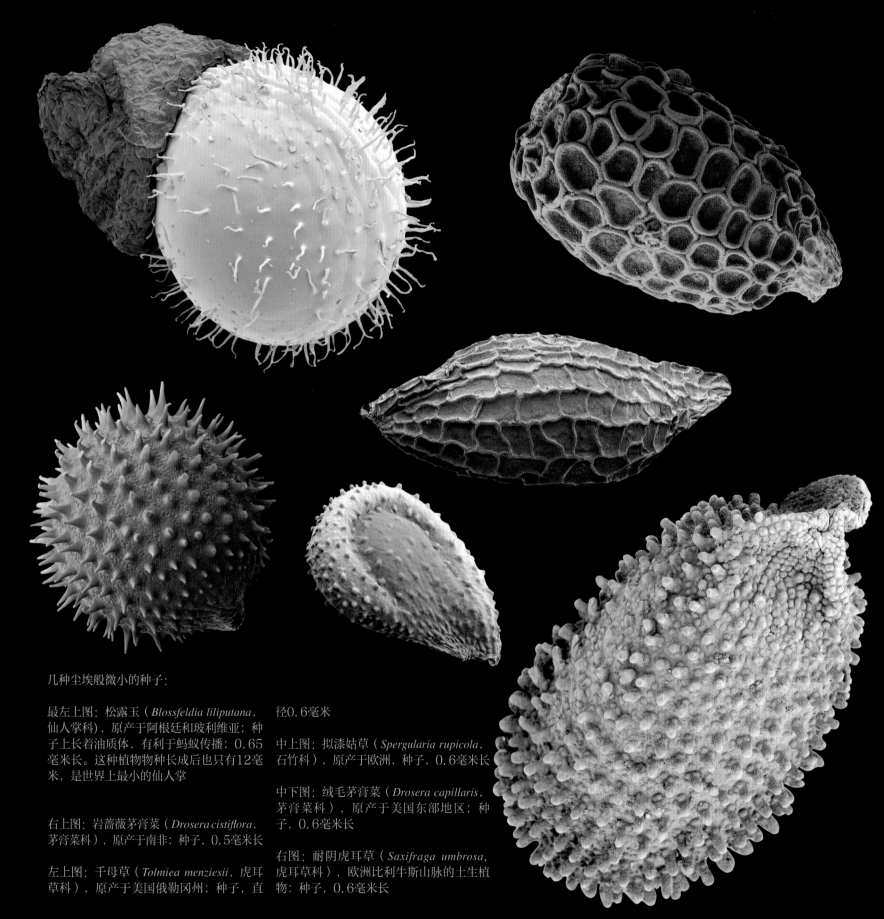

几种尘埃般微小的种子：

最左上图：松露玉（*Blossfeldia liliputana*，仙人掌科），原产于阿根廷和玻利维亚；种子上长着油质体，有利于蚂蚁传播；0.65毫米长。这种植物物种长成后也只有12毫米，是世界上最小的仙人掌

右上图：岩蔷薇茅膏菜（*Drosera cistiflora*，茅膏菜科），原产于南非；种子，0.5毫米长

左上图：千母草（*Tolmiea menziesii*，虎耳草科），原产于美国俄勒冈州；种子，直径0.6毫米

中上图：拟漆姑草（*Spergularia rupicola*，石竹科），原产于欧洲，种子，0.6毫米长

中下图：绒毛茅膏菜（*Drosera capillaris*，茅膏菜科），原产于美国东部地区；种子，0.6毫米长

右图：耐阴虎耳草（*Saxifraga umbrosa*，虎耳草科），欧洲比利牛斯山脉的土生植物；种子，0.6毫米长

上图：虎斑奇唇兰（*Stanhopea tigrina*，兰科），原产于美洲热带地区；微小种子依风传播，长着一个松松垮垮的像袋子一样的种皮；0.66毫米长

左图：紫花欧石南（*Erica cinerea*，杜鹃花科），原产于欧洲和北非；种子，0.7毫米长

下图：肉苁蓉[属于列当属（*Orob anche* sp.），列当科]，在希腊采集；种子，0.35~0.4毫米长

尘埃般的种子

　　如果想让种子通过风媒进行长途传播，植物最有效的策略就是能产生无数极其微小、重量又轻的种子。在这里为了给读者一个直观的数量印象，我们拿天鹅兰（*Cycnoches chlorochilon*）举例，这种植物的一个蒴果竟然能产生将近400万粒种子，靠风媒散播最小的兰花种子[例如，虾脊兰（*Calanthe vestita*）]每克的数量超过200万粒。"尘埃种子"这种较大的表面积—体积比显著减少了它们在空气中的降落速度；比如，一粒小兰花种子的降落速度差不多是每秒4厘米，而榆树的翼果下降速度为每秒67厘米，孰快孰慢，读者一目了然。一种明显的进化适应综合征如气穴又会大幅提升空气的升力。种子的气囊可能由大的空细胞、细胞之间的空间，或所在种皮与这粒种子里长胚芽的中心之间的空间组成。拥有这类充气空间的种子通常被称作"气球种子"。典型的尘埃种子没有气囊，例如肉苁蓉（列当科）、茅膏菜（茅膏菜科）和杜鹃花科的许多植物，如欧石南种和杜鹃花种。在兰花中发现的气球种子，还有许多其他植物中的种子，如捕虫堇属植物（*Pinguicula* species，狸藻科）、毛地黄（*Digitalis* species，车前科）和某些刺莲花科植物[例如，智利刺莲花（*Loasa chilensis*）]最为有名。

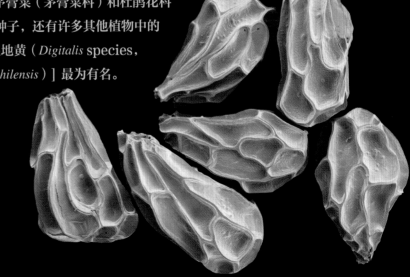

爪苞彩鼠麹（*Leucochrysum molle*，菊科），原产地是澳大利亚；这是它的一个冠毛伞状花序枝的显微图像，在图像中可以看到一个花粉粒偶然粘在了上面；花粉粒直径0.025毫米

右页图：完整的果实

大自然的杰作

　　植物为适应风媒传播而进化的这些种子结构具有审美特征，外形优美，从工程技术的角度观察，这种结构常常也属于异彩纷呈的杰作。前述的那种小尘埃种子和气球种子显示出了所有种子结构的一些最华丽的动人之处，但这些结构也只能在高倍显微镜下才能领略其一斑，其复杂程度令人难以置信。尽管大部分不相干，有这种类型种子的科或许能展现出高度的趋同现象。在许多（如果不是大部分的话）植物的科中，其单层种皮都长有一个明显的蜂巢状结构，既有等直径的，也有细长的瓣面。蜂巢状结构能在最小厚度和不同的负荷部位承载一定重量的前提下，确保最大的稳定性。无论是在有生命的世界，还是在无生命的世界中，我们都能观察到各种各样的蜂巢状结构，例如石墨的碳原子排列组合和蜜蜂的蜂巢。在有些植物的花粉表面结构中也出现了这种蜂巢状结构。在现代建筑工程应用中，蜂巢结构的核心承担着保证三明治叠层结构（即门和其他轻重量部件都采用航空标准）稳定性的重任。我们再回到种子，单层种皮里充满空气的死亡细胞里形成了这种蜂巢的格式。这种放射状的壁稍厚，而在极端情形下，它的外层及内层的切线壁仍能保持很薄的状态，随着细胞的干枯而逐渐萎缩。这不仅展现了这种种皮复杂的蜂巢格局，还极大地增加了种子的表面区域的面积以及种子的空气阻力和升力。

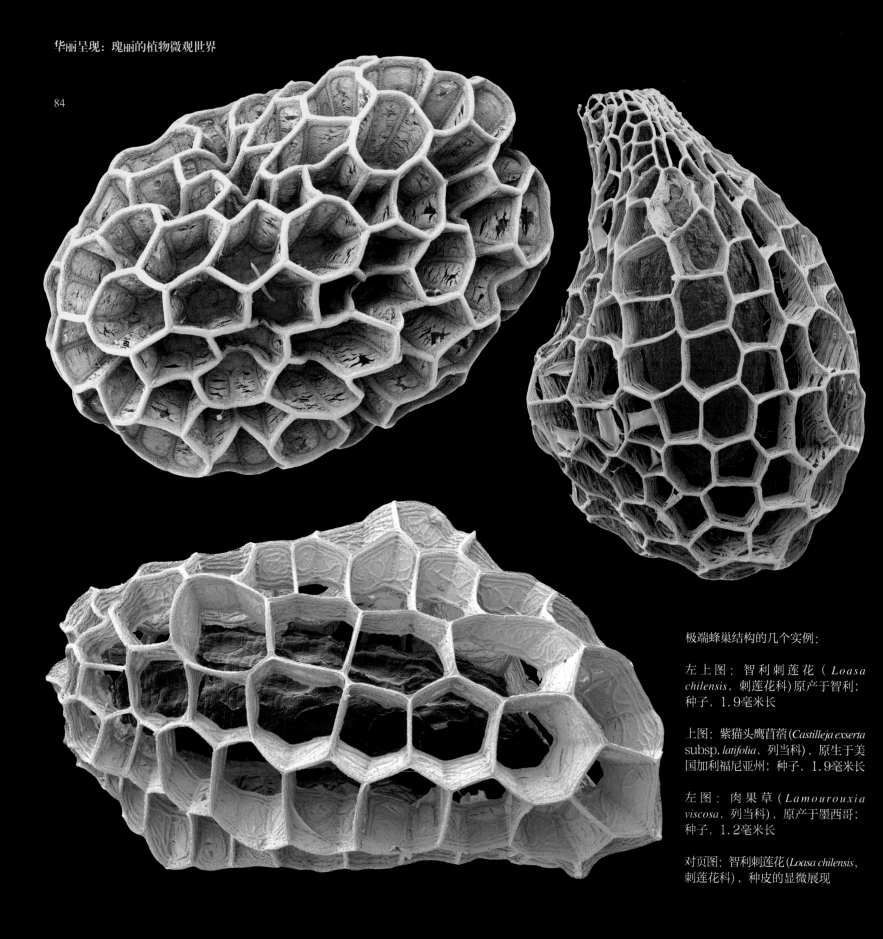

极端蜂巢结构的几个实例：

左上图：智利刺莲花（*Loasa chilensis*，刺莲花科）原产于智利；种子，1.9毫米长

上图：紫猫头鹰苜蓿(*Castilleja exserta* subsp. *latifolia*，列当科)，原生于美国加利福尼亚州；种子，1.9毫米长

左图：肉果草（*Lamourouxia viscosa*，列当科），原产于墨西哥；种子，1.2毫米长

对页图：智利刺莲花(*Loasa chilensis*，刺莲花科)，种皮的显微展现

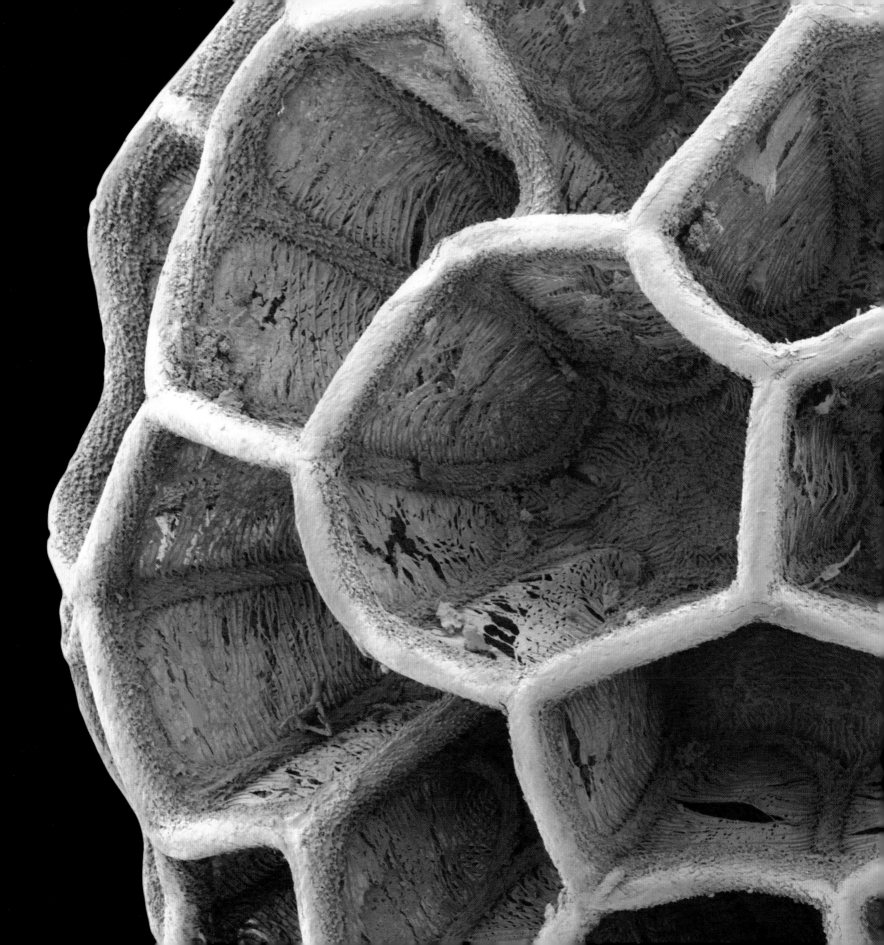

左图：小金鱼草（*Antirrhinum orontium*，车前科），原产于欧洲；果实张开时，顶部会发生不规则的破裂。遇有风刮来，蒴果在风中摇曳，这些种子就会像盐瓶撒盐那样散播出去，如果有动物经过，种子也会被动物运走。花柱坚硬的尖状残余物会给动物以助力；果实，7毫米长

右图：异株蝇子草（*Silene dioica*，石竹科），原产于欧洲；当蒴果在风中摇曳时，它就会借力把种子排出来，这样果实和种子的播撒就能实现了；种子，1.2毫米长

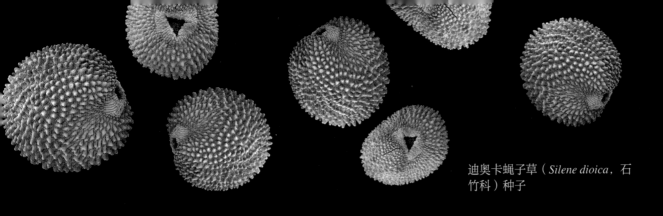

迪奥卡蝇子草（*Silene dioica*，石竹科）种子

间接的风力传播

　　风力能够吹动裂开的果实，使果实撒出或弹射出种子，从而间接影响种子的传播。这种风力传播的方式称为间接风力传播（*anemoballism*），许多草本植物的传播方式即属于此类，这些植物的蒴果长在它们长长的柔韧花梗上。在罂粟（*Papaver* species，罂粟科）中，蒴果顶端周围的细孔环起的作用类似于胡椒粉瓶，当它们被风吹拂时，大量的微小种子就像胡椒粉一样被散播了出去。蒴果"盖子"的边缘突出，可以为窄开口形成的圆环遮风挡雨，种子通过这个圆环从蒴果脱出，蒴果"盖子"作为一个平台，保存着乳突状柱头的残留物。石竹属植物如沙生膜萼花（*Petrorhagia nanteuilii*）、蝇子草属植物、康乃馨（石竹属）和报春花（报春花属）都采取同样的手段，但它们张开的蒴果在顶端长着许多纤小的齿，只为种子留下一个狭窄的口子，利于种子脱出。在金鱼草（*Antirrhinum* species，车前科）古怪的蒴果里，长有反弯药瓣的三个不规则顶点小细孔会爆裂开来。在小金鱼草身上，长花柱保留了下来，演化成一个突出的柱，可能会使路过的动物们摇晃它们更容易更有效，比风的吹动要剧烈得多。尽管许多靠风媒传播的植物表面的结构图案花里胡哨，但通常这并不意味着必然会出现任何非常明显的更加助于传播的构造优化和完善。不管怎样，它们的种子很小，如果被吃草的牲畜吞咽或粘到蹄子上的话，种子就可以被传播到很远的地方。

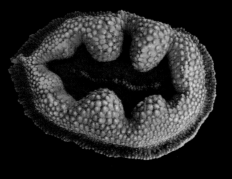

虞美人（*Papaver rhoeas*，罂粟科），原产于欧亚大陆和北非；蒴果；随着长在柔韧长茎上的蒴果在风中摇摆，种子被抛出；直径6.5毫米

小金鱼草(*Antirrhinum orontium*，车前科)，欧洲是它的发源地；种子，1.1毫米长

右图：海忙果（*Cerbera manghas*，夹竹桃科），从塞舌尔到太平洋都是它的原产地；在印度洋和太平洋的沿岸海滩，都能在漂流物中发现这种果实。它的大块的纤维软木状中果皮在海水中能够产生较大的持久浮力；果实，9厘米长

水媒传播

  水媒传播有很多不同的方式。气球状果实的气囊和种子能在水中提升浮力；巧合的是，许多"表面积与重量的比值"较高且靠风媒传播的小传播体也能达到同样的目的。长有茸毛和翼的传播体，如果足够小，借助水的表面张力，也能在水中漂浮。例如，缘翅牛漆姑（*Spergularia media*）有翼的小种子能在水中漂浮数天。然而，其他靠风媒传播的传播体来进行水媒传播只是偶发事件。水媒传播（*hydrochory*）的特定方式也见于水生植物、湿地和沼泽植物以及其他近水生长的各种植物。靠水媒传播的传播体最重要的特质自然是浮力，某种拒水表面常常会提升浮力。非水透性也会抑制种子的过早发芽，为处于海水传播过程的传播体提供防护，免遭海水侵蚀。包含空气的封闭空间和类似防水软木塞样的组织往往会最大幅度地增加浮力。

左图：水椰（*Nypa fruticans*，棕榈科），从南亚到澳大利亚北部的本地植物；果实只有单个种子，模样像椰子，图示的是其纵向截面；果实内的种子在被传播之前就会发芽；刚长出的尖芽有助于与母株分离。在坚硬的防海水的边缘外果皮与骨状内果皮之间长着一个纤维海绵状的中果皮，中果皮起到了增加浮力的作用；11.5厘米长

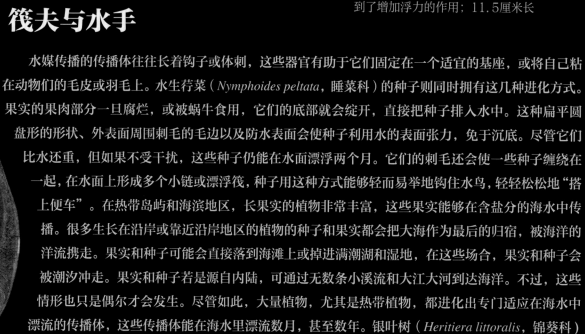

筏夫与水手

  水媒传播的传播体往往长着钩子或体刺，这些器官有助于它们固定在一个适宜的基座，或将自己粘在动物们的毛皮或羽毛上。水生荇菜（*Nymphoides peltata*，睡菜科）的种子则同时拥有这几种进化方式。果实的果肉部分一旦腐烂，或被蜗牛食用，它们的底部就会绽开，直接把种子排入水中。这种扁平圆盘形的形状、外表面周围刺毛的毛边以及防水表面会使种子利用水的表面张力，免于沉底。尽管它们比水还重，但如果不受干扰，这些种子仍能在水面漂浮两个月。它们的刺毛还会使一些种子缠绕在一起，在水面上形成多个小链或漂浮筏，种子用这种方式能够轻而易举地钩住水鸟，轻轻松松地"搭上便车"。在热带岛屿和海滨地区，长果实的植物非常丰富，这些果实能够在含盐分的海水中传播。很多生长在沿岸或靠近沿岸地区的植物的种子和果实都会把大海作为最后的归宿，被海洋的洋流携走。果实和种子可能会直接落到海滩上或掉进满潮湖和湿地，在这些场合，果实和种子会被潮汐冲走。果实和种子若是源自内陆，可通过无数条小溪流和大江大河到达海洋。不过，这些情形也只是偶尔才会发生。尽管如此，大量植物，尤其是热带植物，都进化出专门适应在海水中漂流的传播体，这些传播体能在海水里漂流数月，甚至数年。银叶树（*Heritiera littoralis*，锦葵科）的防水果实的长度能达到10厘米，外形像坚果，内含一个单瓣的圆形种子，种子四周是一个内含空

银叶树（*Heritiera littoralis*，锦葵科），原产地是旧世界（即非美洲大陆）的热带地区；耐海水的果核状果实内有一个单体圆形种子，种子周遭是一个包含空气的大空间。背部凸起的龙骨瓣起到帆船风帆的作用；果实，将近10厘米长

气的较大空间，这种结构十分有利于种子的漂浮。令人惊讶的是，果实的背部长着一个突出的龙骨瓣，其作用相当于在海上航行的一艘帆船的船帆。

　　其他热带果实适应海水传播的方式是核果，这类核果长着软木般的厚漂浮组织。这种类型的果实也能在棕榈树中发现，如水椰和椰子（*Cocos nucifera*）。在环印度洋和太平洋地区，水椰在红树林湿地和潮汐河口非常普遍，它们足球般大小的巨大果实成熟时，会碎裂成倒卵球形的有角小果实。每个小果实的单体种子在传播之前就会发芽，新生发出来的尖嫩芽有助于它与母株分离。水椰的小果实由于长有坚实的边缘外果皮和下面的纤维海绵状中果皮，因而在海洋环境中如鱼得水。在适应海洋环境方面，虽然这些果实的这种进化模式很成功，但没有证据表明还有其他任何果实能比椰子更配得上最出色"水手"的称号。椰子完美地适应了海水传播的模式，能在大洋随波逐流几个月，经受长达5000千米之遥的惊涛骇浪。有着如此惊人的环球畅游本领，椰子树能遍布世界上整个热带地区也就无须大惊小怪了。

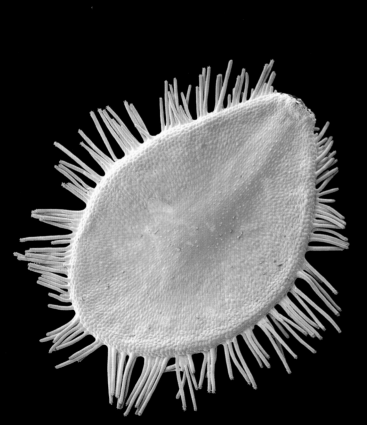

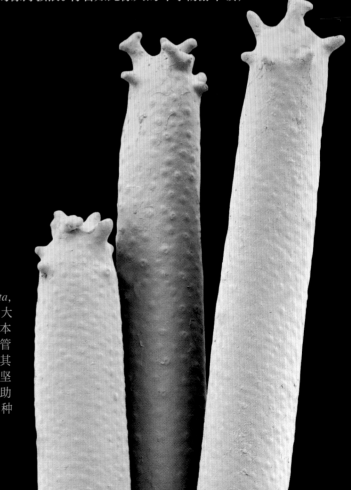

荇菜（*Nymphoides peltata*，睡菜科），原产于欧亚大陆；种子依水媒传播，本图是外缘刺毛的特写。尽管坚硬刺毛的比重比水大，其扁平的外形、防水表面及坚硬刺毛的毛缘会使种子借助水的表面张力避免沉没；种子，5毫米长

自然界还有大量其他海洋传播体，它们能借助大洋表面洋流，奔波跋涉到距离其原生地数千千米之外的地区。查尔斯·达尔文就对产于热带国家的种子能漂流到欧洲沿岸这种思路倍感兴奋。原产于南美和加勒比地区的果实和种子通常是被墨西哥湾流带到北欧海滩上的，不过，北欧的恶劣环境极不适应这些种子的生长。来自新世界最常见的种子属于豆科（Leguminosae）的物种，这或许是它得名"海豆"的原因。很明显，它们并不源自世界上任何地区的本地植物，纵观源远流长的历史，豆科种子对于人类来说，似乎一直是上帝赐予的神来之物，尤其是在中世纪时期，围绕着豆科种子源自何方的玄机诡谲衍生了许多传说和顶礼膜拜的迷信。在亚速尔群岛中的一座岛屿——圣港岛，人们至今仍然称这种巨榼藤（Entada gigas，豆科）的漂流种子为"哥伦布之豆"（外来的"海心"），因为这里的人们相信克里斯托弗·哥伦布（Christopher Columbus）发现了被冲到西班牙某个海滩的许多外来豆中的一粒，并由此得到了启示。巨榼藤是一种巨大的藤本植物，生长于中、南美洲和非洲的热带森林中，它的种子就是欧洲海滩上漂流传播体中最常见的一种。这种种子呈棕色，体大，状似心形，直径近5厘米，长在最大的豆科植物豆荚中，这种豆荚的长度竟然能达到1.8米。"海心"以及源自非洲和澳大利亚的其他相关榼藤（Entada phaseoloides）的大型种子被雕刻在挪威和欧洲其他地区的鼻烟壶和纪念品盒上。在英格兰，这些种子被用作婴儿长牙时用来咬的咬环，并被当作孩童的好运护身符，护佑他们在海上平安无虞。即使在当代，海豆也仍然是众多收藏者和植物首饰制作者眼中的宝贝，它们优美的外形和典雅的色彩实在是太迷人了！怪不得人们那么爱不释手。除了"海心"之外，最有名的就算是海豆了，其中有缩轴油麻藤（Mucuna sloanei）、牛目油麻藤（Mucuna urens）、反折茵藤豆（Dioclea reflexa）、莲实藤（Caesalpinia major）和刺果苏木（Caesalpinia bonduc）。刺果苏木的果实被赫布里底群岛的人们当作护身符戴在身上，以避挡能使人遭殃的恶毒眼光（Evil Eye）。据传说，如果这种种子变黑，佩戴者就会处于险境。最后，我们谈一谈盘果鱼黄草（Merremia discoidesperma）。它属于旋花科，很可能在所有海豆当中，它的历史最令人陶醉。盘果鱼黄草产生的种子叫作"圣母马利亚豆"，由它的木本藤蔓产生，这种藤蔓生长在墨西哥南部和中美洲的森林中，藤蔓种子的颜色主要是黑色或棕色，形状从圆形到椭圆形，直径为20~30毫米。其显著特征是由两个细凹槽形成的一个十字，因此取名"十字豆"或"圣母玛利亚豆"。对于基督徒而言，这类种子具有一种特殊的象征性意义。如果这种豆能在某次远海征途中幸存，人们就笃信这些十字豆能成为拥有它的人们的保护神，无论是谁拥有它。在赫布里底群岛，人们虔诚地相信这种豆能使孕妇安全顺利地分娩，因此，岛上一代一代的母亲们都把它当作宝贵的护身符传给自己的女儿，女儿们再传给自己的女儿，代代相传，以求平安。

左页图：含有银叶树果实的漂流豆和各式各样"海豆"集萃，如颇具传奇色彩的圣母玛利亚豆，又名"十字豆"，它们最典型的特点是都有一个十字。这个集萃中还有其他豆科植物种子，如巨榼藤（Entada gigas）、汉堡豆（油麻藤属），刺果苏木（Caesalpinia bonduc）和海袋（堇刀豆属）

上图：莲实藤（Caesalpinia major，豆科），分布在世界各地的热带地区；种子，2.5厘米长

右上图：牛目油麻藤（Mucuna urens，豆科），原产于中、南美洲，直径2.5厘米

右图：巨榼藤（Entada gigas，豆科），原产地为美洲和非洲的热带地区；这种十分常见的"海豆"产自一种长达1.8米的热带藤本植物的巨型豆荚

世界上最大的种子

所有漂流果实中最神秘的当属塞舌尔坚果，这种果实内长有世界上最大的种子。塞舌尔坚果与椰子亲缘关系并不紧密，但很相似，因此常常被叫作"双瓣椰子"。不过，与椰子不同的是，这种坚果在淡水中不能漂浮，或者如果在海水中停留时间过长的话，无法存活。尽管如此，自 15 世纪以来，人们就注意到其内果皮被冲到印度洋的许多海滩，而过了很长时间，直到 1743 年，人们才发现塞舌尔群岛。由于这些内果皮大部分是在马尔代夫（Maldives）发现的，所以这个物种的取名或多或少被误导使用"*Lodoicea maldivica*"这样的拉丁语名称。这种非比寻常的棕榈树仅仅在塞舌尔群岛的两个岛上生长和分布，即普拉兰岛和屈里厄斯岛。塞舌尔坚果如此名扬天下不仅仅是由于个头大，还因为其形状会带来隐晦的色情遐想。这种坚果的形状很容易让人联想到女人的臀部，从而产生了某些迷信的顶礼膜拜。马来人和中国水手认为这种双瓣椰子生长在水下的一棵与椰子树相似的神秘树上。在欧洲，人们热捧塞舌尔坚果，认为它们具备某些药用价值，还相信它的胚乳是一种解毒药。塞舌尔坚果棕榈树可能长着世界上最大的种子，但却只有一个非常小的胚芽，生长在一个大胚乳（营养组织）中。所有种子植物中最大胚芽的世界纪录被豆科植物的一个物种收入囊中：巨豆檀属植物（*Mora Megistosperma* 或 *Mora oleifera*）的种子能达到 18 厘米长、8 厘米宽，重达 1 千克，巨豆檀属是一种产自美洲热带地区的大树。这个巨型种子由两个增厚的子叶组成，就像在我们更熟悉的豆科植物的种子里那样，如黄豆、豌豆和花生。唯一的区别是巨豆檀属的种子在子叶间有一个充满空气的穴腔，这种穴腔能增加种子在海水中的浮力，这也是它们适应在潮汐沼泽栖息地的一种能力。

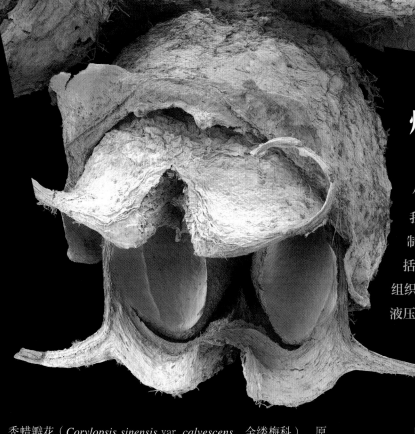

爆裂式策略

有些植物已进化出某些功能，使其种子能够自我传播。乍一听种子的自我传播，似乎这种模式不是很先进，但自我传播或者说自体散布（*autochory*）也包含相当复杂的机制以便为植物投射种子。抛射传播（*Ballistic dispersal*）包括果实内的爆裂式绽开方式，这种方式既能由已死亡的种子组织干燥后的被动（吸湿）运动触发，也可能是活细胞内由高液压引致的活动触发。在豆科中，还有许多我们熟悉的例子，这些植物能吸引充满好奇心的孩童前来探个究竟，屡试不爽，尤其是羽扇豆（*Lupinus* species）、荆豆（*Ulex europaeus*）和香豌豆（*Lathyrus odoratus*）。在形成"爆裂模式"的过程中，果实的两半会朝着相反方向扭转，直到骤然间开裂，把种子弹出，但这种方式只能把种子弹出一个很短的距离，大约是两米或更短。

秃蜡瓣花（*Corylopsis sinensis* var. *calvescens*，金缕梅科），原产于中国；蒴果会慢慢张开，随着极其坚硬的内果皮水分的挥发，果实的形状发生改变，像一把老虎钳那样裹紧种子。最终，两个又硬又滑的纺锤状种子被猛烈弹出；果实，直径7毫米

更为强效的自我传播出现在热带地区。响盒子（*Hura crepitans*，大戟科）有着与柑橘差不多大小的果实，成熟时，会迸发出巨大力量，将种子弹出远至 14 米。在金缕梅科（Hamamelidaceae）中，内果皮会承担进行抛射传播的专业化重任；蒴果会慢慢张开，但一旦打开，随着干燥程度的进一步增加，坚硬的内果皮会改变形状，像一把老虎钳一样紧紧裹住两个小腔室中每个腔室的单个种子。紧接着，压力升高，将坚硬、光滑的种子弹射出来，形成一个弹道抛物线轨迹。在活的组织中，果肉多的果实会能动地积聚液压，直至以最轻的震动发生爆裂，比如凤仙花（*Impatiens* species，凤仙花科）纺锤状的蒴果，这种蒴果能迅速卷起，然后把种子漫天猛掷。在爆裂临界点，这种果实非常之敏感，任何物体只要稍加触碰，就立刻能引发爆裂，这类物体可以是来自偶然路过的一只动物，也可能是风的吹动，甚至可能是相邻一个果实飞舞的种子。跟小黄瓜差不多大的喷瓜（葫芦科）果实会箍紧自己的种子，这些种子通过一个狭窄的基部开口，源源不断地获得充足的润滑稀薄液体。基部开口的形成也很简单：随着果实的柄像香槟软木塞一样被弹出来，基部的开口就形成了。

喜马拉雅凤仙花（*Impatiens glandulifera*，凤仙花科），原产于喜马拉雅山脉；爆裂式果实；当果实成熟时，即使是最轻微的触碰都会引发果实爆裂，将它们黑色的小种子猛抛至5米开外

一只长着护肩一样翅膀的冈
比亚颈囊果蝠（*Epomophoros*
gambianus，狐蝠科）在咬开
一颗无花果。与鸟类和猴子一
样，在热带雨林中，果蝠也是
重要的种子传播动物

右页图：无花果（*Ficus villosus*，桑科），原产于亚洲热带地区；图示是果实的纵向截面及树上的
果实。无花果属（无花果）的大约750个物种，在它们特有的花序内开着小花，叫作隐头花序
（*syconium*）。当授粉结束后，花序成熟，长成为果实，这个果实就是我们通常所说的"无花
果"。从形态学意义上看，一个隐头花序堪与一个向日葵头相比，其边缘蜷曲起来，起初长得像只
碗，后来又像一个罐子，在顶部会留下一个小的开口（孔口）。大量紧密填充的苞叶会使无花果腔
的入口闭合。授粉时，这些苞叶会让出一条狭窄的通道，通过这个通道，无花果的授粉者们，即榕
科的小无花果黄蜂，能进入这个内衬花朵的腔室。在无花果和其他物种中，隐头花序的腔室在授粉
之前就充满了一种黏液；果实，直径12毫米

动物搬运工

　　在一些特定的栖息地，风媒和水媒传播具备优势，适合大量植物的生存。例如，在北美温带落叶森林，大约35%的木本植物都长着靠风媒传播的果实或种子。不过，由于力度、方向、空气和水流的频度经常变化，可靠性差，所以风媒或水媒的传播方式就显得不太划算，并且无法预期。当种子随机散开时，它们很可能撒落在不适合发芽的地域，做了无用功，白费功夫。抛射式传播基本上可以说是"随机传播"代名词，传播距离也较短。而动物传播（zoochory）的种子（如动物授粉）则大大减少了与非生物的传播媒介相关的不确定性，增加了多种更加高效的传播方式。与风媒和水媒传播不同，动物的行为方式遵循固定的规律，这就使它们的活动随意性大大减少，所以动物传播远远比风媒传播和水媒传播划算得多。传播体适应动物散播的植物只需产生较少的种子就能保证所属物种的存续。从能量和"建筑原材料"的角度分析，植物节约成本的这种本领会使某一物种赢得非同一般的进化优势。如此说来，植物为使其种子搭上动物便车完成传播，进化出大量非凡的策略和方式，也就不以为奇了。种子会借鸟类和哺乳动物的羽毛、皮肤和软绒毛远赴他乡；或者将自己包裹在美味的浆果果肉里，引诱动物进食，进入它们的口腔或内脏，巧妙地搭上便车，奔向"诗和远方"。

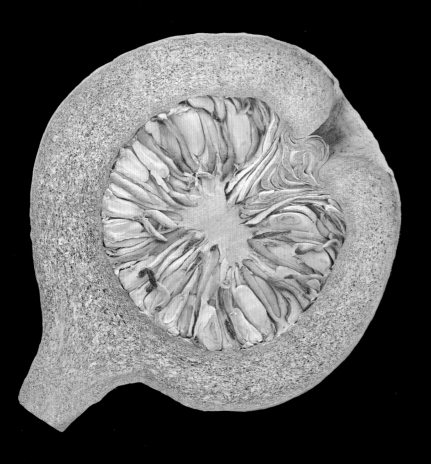

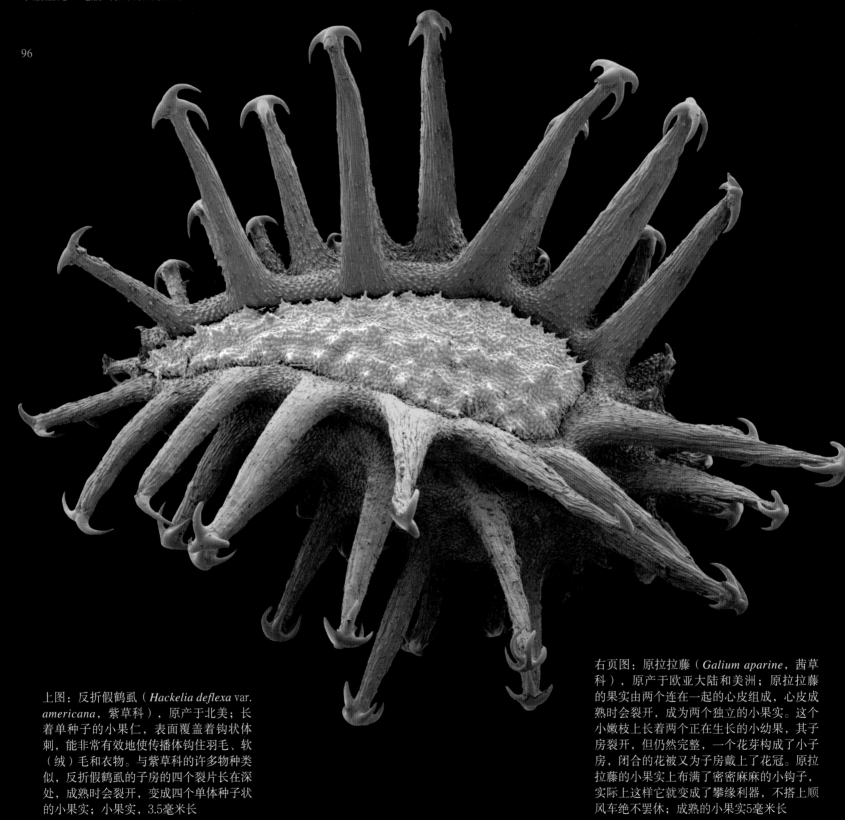

上图：反折假鹤虱（*Hackelia deflexa* var. *americana*，紫草科），原产于北美；长着单种子的小果仁，表面覆盖着钩状体刺，能非常有效地使传播体钩住羽毛、软（绒）毛和衣物。与紫草科的许多物种类似，反折假鹤虱的子房的四个裂片长在深处，成熟时会裂开，变成四个单体种子状的小果实；小果实，3.5毫米长

右页图：原拉拉藤（*Galium aparine*，茜草科），原产于欧亚大陆和美洲；原拉拉藤的果实由两个连在一起的心皮组成，心皮成熟时会裂开，成为两个独立的小果实。这个小嫩枝上长着两个正在生长的小幼果，其子房裂开，但仍然完整，一个花芽构成了小子房，闭合的花被又为子房戴上了花冠。原拉拉藤的小果实上布满了密密麻麻的小钩子，实际上这样它就变成了攀缘利器，不搭上顺风车绝不罢休；成熟的小果实5毫米长

不屈不挠的搭便车者

搭动物顺风车传播种子（动物体表传播，*Epizoochory*）是一种经济、有效的传播方式，也不需要进化出特别的能力来适应。对一些小传播体来说，可能它们的传播机制比较特别，同时又没有任何变体，这时它们常常采取搭便车的方式传播，比如混在泥巴里粘到动物的脚上，或者粘到水鸟或其他鸟类和动物的羽毛上。吃草的动物在觅食时会摄入小种子，这样也会出现偶然性传播的情况。

很多地处关键地势、长得不高的植物产生的传播体会专门演变出一些优化和完善的功能，把自己粘到路过的动物们身上。与多果肉的果实和种子不同，带黏性的传播体并不提供可食用的美味来吸引潜在的传播者来捡拾传播体，此时可能有某一动物在"不经意间"就粘上了一粒种子，这就意味着传播行为只能是偶然发生。除了生理学意义上的省力之外，搭动物顺风车授粉还拥有另外的了不起的优势。带黏性的传播体的传播距离不受一些因素的限制，如肠道滞留时间，这与带有果肉的传播体不同。大多数带黏性的搭顺风车的种子自己会掉下来，不过，如果不掉下来的话，它们可能会移动很长的距离，除非被梳刷掉、动物褪毛或死亡。典型的搭顺风车进化适应的标志性特征是传播体会被钩子、倒刺、体刺或黏性物质覆盖。我们大多会有这样的体验：在夏末或秋季，如果在乡间小路走上一圈的话，就会发现袜子和裤子上粘上了一些东西，那就是上述情形的例证。在温带气候中，原拉拉藤、狗舌草（*Cynoglossum* species，紫草科）、野胡萝卜（*Daucus carota*，伞形科）和鹤虱（*Hackelia* species，紫草科）的小果实是我们最常见也最顽强的芒刺，欧洲龙牙草（*Agrimonia eupatoria*，蔷薇科）的果实刺毛也不遑多让，另外，牛蒡（*Arctium lappa*，菊科）的更巨大的毛刺也同样不同凡响。传播体附着在动物和人身上的根本原则再简单不过，长小钩子就行，这种钩子随时准备与哺乳动物的皮毛缠绕在一起，或者钩住人类衣物上的纤维小圈。在20世纪50年代，瑞士电气工程师乔治·德梅斯特拉尔（George de Mestral）正是从这些传播体的显微结构得到启发，研制出了钩环结构纽扣，也就是现在我们熟知的魔术贴（Velcro®）。不过，钩环准则也并不是传播体把自己钩在动物身上的唯一途径，植物还进化出更具"虐待性"的方法实现种子的散播，更精彩的内容还在后边呢。

小叶刺球果（*Krameria erecta*，刺球果科），
原产于美国南部和墨西哥北部；这是一种小
型灌木，其覆盖住单体种子果实的倒体刺表
示出一种明确的进化适应性，这种倒体刺使
果实能粘到路经的动物身上的皮毛（动物体
表传播），保证传播的实现；果实，8毫米长
（不含体刺）

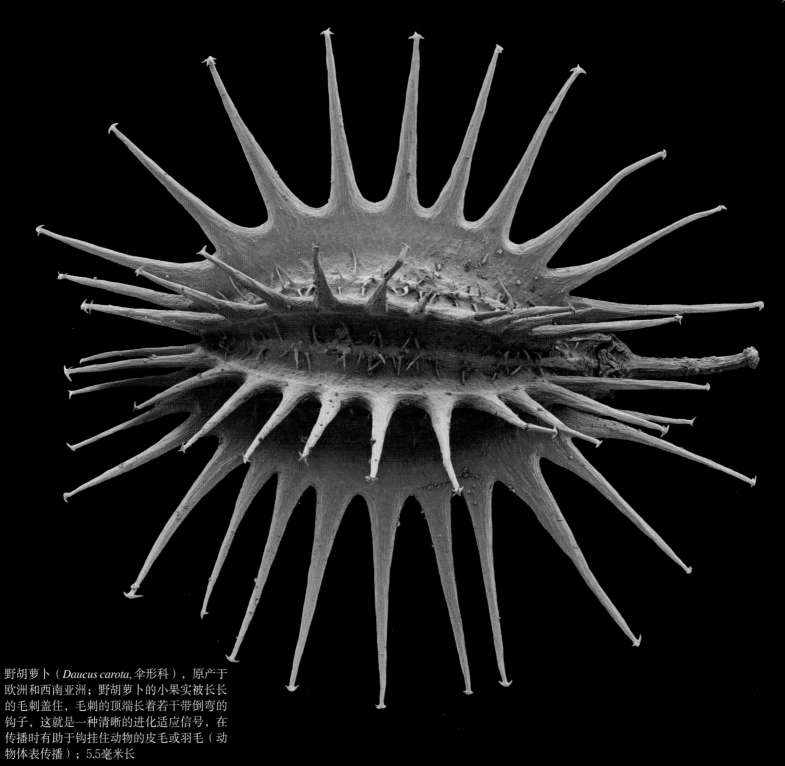

野胡萝卜（*Daucus carota*, 伞形科），原产于欧洲和西南亚洲；野胡萝卜的小果实被长长的毛刺盖住，毛刺的顶端长着若干带倒弯的钩子，这就是一种清晰的进化适应信号，在传播时有助于钩挂住动物的皮毛或羽毛（动物体表传播）；5.5毫米长

欧洲龙牙草（*Agrimonia eupatoria*, 蔷薇科），
原产于东半球，包括欧洲部分地区；布满果实
的带钩子毛刺传播能力极强，是一种攻城略地
的利器。它们"枕戈待旦"，随时准备钩挂在
动物皮毛或人的衣物上；7.5毫米长

左上图：刺片豆（*Centrolobium microchaete*，豆科），原生于南美；生长种子的部位体刺密布，就会使这种带翼的果核（翅果，samara）既能够抵御捕食者的侵食，还会实现一种双重传播策略（风媒传播和动物传播），一箭双雕；约20厘米长

右上图：少花蒺藜草（*Cenchrus spinifex*，禾本科），美洲是它的发源地；这种到处都疯长的禾草的多刺果实会给吃草的牲畜带来麻烦；9.5毫米长（含体刺）

中图：翠珠花属植物（*Trachymene ceratocarpa*，五茄科；原属伞形科），原产于澳大利亚；这个物种的小果实很奇特，长着两个顶翼，在风媒散播时能助一臂之力；背侧还有两排体刺，能够挂住动物，有助于动物传播，这也是一石二鸟的案例；4.5毫米长

左图：苜蓿（*Medicago polymorpha*，豆科），原产于欧亚大陆和北非；是典型的苜蓿属植物，它的果实盘绕成一个有4~6圈的螺旋形。外形呈球状，体刺带倒钩，轻而易举地就能钩到各类动物的皮毛或羽毛；直径9.5毫米（包括体刺）

102 右图：长角胡麻属植物（*Proboscidea althaeifolia*，角胡麻科），原产于美国南部和墨西哥；柔软的绿外壳掉落后，果实的裸露木本果心向下裂到中间，因此它的喙能生出两个锐利的倒弯尖刺，它们满怀信心，守株待兔，只等着一只动物走上门来，便一下子缠住它，让植物果实搭乘顺风车，奔赴他乡去传宗接代；果实，12厘米长

右下图：钩刺麻属的一个物种（*Uncarina* sp.，芝麻科），采集于马达加斯加；在所有植物中或许是附着力最强的，因而也是最难去除的，钩住就不松口。一旦被它极其锋利的弯钩钩住，要想摘掉它，不流点血，门儿都没有！这种弯钩在果实上呈辐射状分布的长体刺顶端有一个冠状物，恰好形成一个完美的倒钩，活脱脱的一个凶器，剩下的拜托读者自己去想象吧；果实，直径8厘米

下图：南方三棘果（*Emex australis*，蓼科），原产于非洲南部；这种果实可怕的体刺由坚固的花萼构成，形状像一个原始蒺藜，它随时准备发起冲锋，把自己插入动物的皮肤中，这是一种极其残酷的动物传播方式；8毫米长

右页上图：爪钩草（*Harpagophytum procumbens*，芝麻科），原产于南部非洲和马达加斯加；这种荆棘的木本大抓钩非常适于黏附在动物的脚上或皮毛，动物因此可能会受伤，吃大苦头；果实，9厘米长

右页下图：蒺藜（*Tribulus terrestris*，蒺藜科），原产于东半球，包括欧洲部分地区；蒺藜的果实会分裂成含5个单体种子的小果实，这里展示的是其中一个。每一个小果实都"装备"了两个大的和若干小的体刺，这些体刺排列的形状像一个原始蒺藜，随时准备着刺穿动物的皮肤或人的鞋底；6毫米长

蒺藜、南非钩麻和其他虐待狂果实

凶猛野蛮的多刺传播体经过长期进化，能刺入肉体中，这种情况大量出现在没有亲缘关系的植物科中。蒺藜（puncture vine）广泛生长在欧洲、非洲和亚洲地区的温暖地带，对于人或某些动物来说，最好叫它们刺蒺藜或三角钉（Caltrop），因为它们的传播体阴险毒辣。伴随着蒺藜的裂果（schizocarpic fruits）成熟，它们会分裂成 5 个不开裂的小果实，每一个小果实都"装备"了两个大的和若干较小的体刺。无论它们以何种方式落到地面，总有一些体刺尖头会朝上，就像那些原始蒺藜，分分钟都可能会刺穿某只动物的皮肤或人们的鞋底。在匈牙利大草原，这些搭动物顺风车的刺儿头给那里的众多牧羊人造成了大麻烦，这些体刺会刺伤动物，使伤口化脓溃烂，受伤的动物连行走都很困难。

南非钩麻（Devil's Claws）是其中最逞凶斗狠，也是最大的黑手毛刺，它的英文名"Devil's Claws"意思是"恶魔的爪子"，由此可见一斑。这种体刺遍布热带和亚热带的半沙漠地区、美洲、非洲和马达加斯加的大草原和草地。新世界的南非钩麻属于长角胡麻属 [最著名的是美国长角胡麻（*Proboscidea louisianica*）] 和它们较小的亲属角胡麻（*Martynia annua*），两者都是角胡麻科（Martyniaceae）的物种。在南美，它们的肉食性同胞羊角麻属（*Ibicella*）植物会长出类似的"恶魔爪子"，或角胡麻果实，正如它们的名字"Ibicella lutea"一样。它们不成熟的绿色果实看起来并不像能伤人的样子。不过当这种果实成熟时，果实脱落掉厚实的外层皮，极其华丽的内果皮便显现了，这时它们的真正本性才暴露了出来。在每个内果皮的尖部都有一个喙，它能向下裂到中间，然后生出一对锋利的倒钩尖体刺。这种阴险恶毒的体刺从果实脱落之时，就是它们即将"行凶"之时。这些倒钩体刺随时都能钩住皮毛或动物的足蹄，甚至刺进皮肤。

东半球，包括欧洲部分地区的南非钩麻（"恶魔的爪子"）属于芝麻科（Pedaliaceae），是角胡麻科的近亲。马达加斯加钩刺麻属的毛刺让它看起来像缩微版的水雷，长有很长的锐利倒刺。但依据残忍程度来衡量，没有哪种植物比得过来自非洲南部的爪钩草（*Harpagophytum procumbens*）。它缓慢裂开的木本蒴果长着大量壮硕尖锐的倒钩，任何人或动物一旦踩上，都会遭到重创，谁都无法幸免。

奖励而非惩罚

大量靠动物传播种子的植物已经进化出了与其传播伙伴实现双赢的特质：动物为植物传播果实和种子，植物为动物提供一份美食作为犒劳，从而摒弃残酷的损害动物行动能力的传播方式。

给小帮手的小奖品

经过仔细研究，我们发现许多植物的种子都长着一种黄白色的油脂小结节，尤其是在干旱的生长地区。1906年，瑞士生物学家鲁特格尔·舍南德（Rutger Sernander）描述了隐藏在这些奇怪附器里的散播策略，他称之为"蚂蚁传播"（myrmecochory，希腊语"myrmex"的意思是"蚂蚁"，"choreo"的含义是"传播，散布，撒播"）。他发现长有"油脂体"的种子（他干脆直接用希腊语来称呼，即"elaiosomeas"）对蚂蚁极具诱惑性，它们简直无法抗拒，蚂蚁大军贪婪地搜集这类种子，不辞辛劳地运回自己的巢穴。正是油质体中含有的蓖麻油酸诱使蚂蚁做出这种典型的搬运种子的行为。经过数百万年的共同适应，蚂蚁传播的植物已经进化出一种功能，也就是在它们油脂体的组织里产生不饱和脂肪酸，这种不饱和脂肪酸与在幼蚁的分泌物中发现的不饱和脂肪酸一模一样。当工蚁把种子拖拽进巢穴后，它们就会把富有营养的油脂体拆解下来，种子的剩余部分则会保留下来，这部分由一个坚硬的种皮妥善地保护着，不易受损。油脂体的组织富含脂肪油脂、糖分、多种蛋白质和各类维生素，蚂蚁们自己消耗不完这些油脂体，剩下的会用来哺育它们的幼蚁。一旦油脂结节被剥离，这些种子就会被抛弃在巢穴的一个垃圾堆里，那个垃圾堆可能在地下，也可能在地上。其实，此类垃圾堆的有机基层中的营养也相当丰富，如果植物能在这样的环境下生长，效果远胜于四周的土壤环境。

对页图：在欧洲和北美温带落叶类森林，尤其是澳大利亚和南非的旱地灌木丛林中，大部分草本植物的种子都长着能食用的油脂结节，它们的作用就是吸引蚂蚁。此图所示为西方收获蚁（Pogonomyrmex occidentalis），它是北美西部和墨西哥北部沙漠地区和草原的一个常见物种。西方收获蚁成天不闲着，只干一件事：急急忙忙把花棘麻属物种（大戟科）植物的种子搬回它们自己的家。在家中，它们会分离出种子里的油脂体，用它来喂养自己的幼崽。

上图：奎宁木（Petalostigma pubescens，苦皮桐科）的种子，原产于马来群岛、澳大利亚；有淡黄色的附器（油脂体）用来吸引蚂蚁，蚂蚁会把这些种子搬运回自己的老巢。在蚁巢中的种子可以高枕无忧，不用担心贪吃种子的啮齿类动物的啃咬，也无须担心季节性大火的肆虐了；种子，1.2厘米长

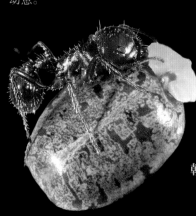

显然，靠蚂蚁传播的种子的核心要务就是体形必须要长得小，与它们的传播者的身体力量相匹配。在欧洲和北美温带落叶类森林中，绝大部分草本植物都已适应蚂蚁传播种子了。在一些干旱的栖息地，经常会爆发大火，这个时候，蚂蚁传播就会发挥极其重要的作用，像在澳大利亚欧石南丛生的荒野、南非开普省地区的高山硬叶灌木群落就属于这类情形。它们在地下建设蚁巢会大大提高其在山火中幸存的概率；同时也避免了被诸如啮齿类动物等那些专吃种子的动物的窃食。各式各样植物的种子都长有附属物，用于吸引蚂蚁，比如大戟科（Euphorbiaceae）植物。

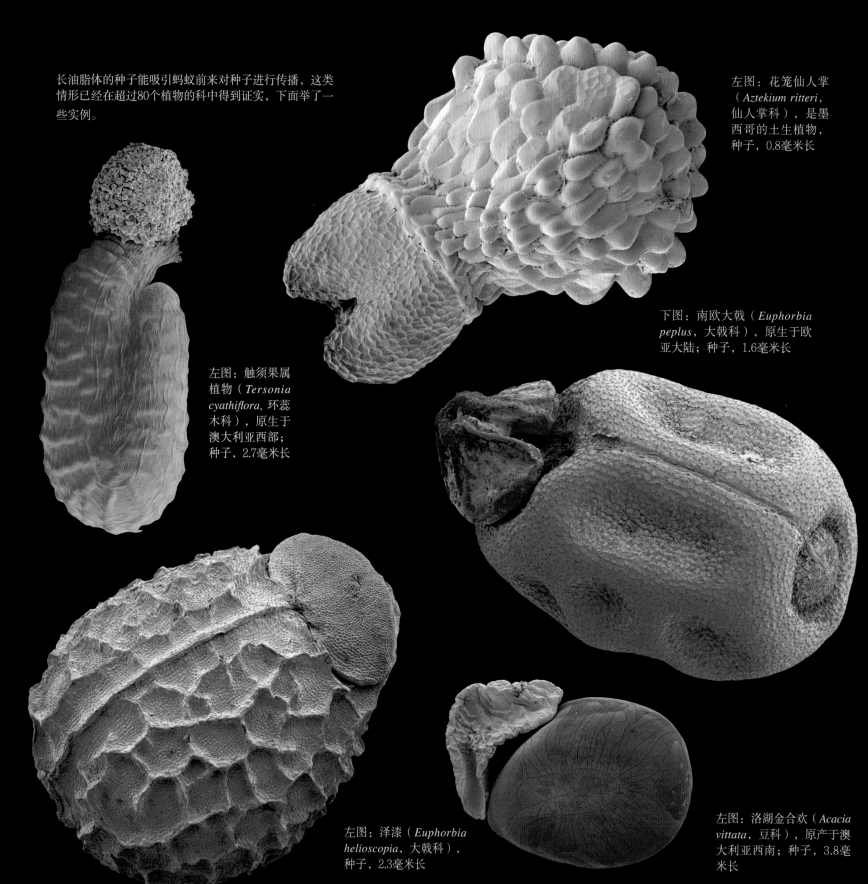

长油脂体的种子能吸引蚂蚁前来对种子进行传播，这类情形已经在超过80个植物的科中得到证实，下面举了一些实例。

左图：花笼仙人掌（*Aztekium ritteri*，仙人掌科），是墨西哥的土生植物，种子，0.8毫米长

左图：触须果属植物（*Tersonia cyathiflora*，环蕊木科），原生于澳大利亚西部；种子，2.7毫米长

下图：南欧大戟（*Euphorbia peplus*，大戟科），原生于欧亚大陆；种子，1.6毫米长

左图：泽漆（*Euphorbia helioscopia*，大戟科），种子，2.3毫米长

左图：洛湖金合欢（*Acacia vittata*，豆科），原产于澳大利亚西南；种子，3.8毫米长

下图：大戟（*Euphorbia* sp.，大戟科），此样本在黎巴嫩采集；种子，3毫米长

上图：白屈菜罂粟（*Stylophorum diphyllum*，罂粟科），原产于美国东部；种子，2.2毫米长

上图：南欧大戟（*Euphorbia peplus*，大戟科），原生于欧亚大陆；种子，1.6毫米长

左图：远志属植物（*Polygala arenaria*，远志科），原产于非洲热带地区；种子，2.2毫米长

左图：松露玉（*Blossfeldia liliputana*，仙人掌科），原产于阿根廷和玻利维亚；种子，0.65毫米长

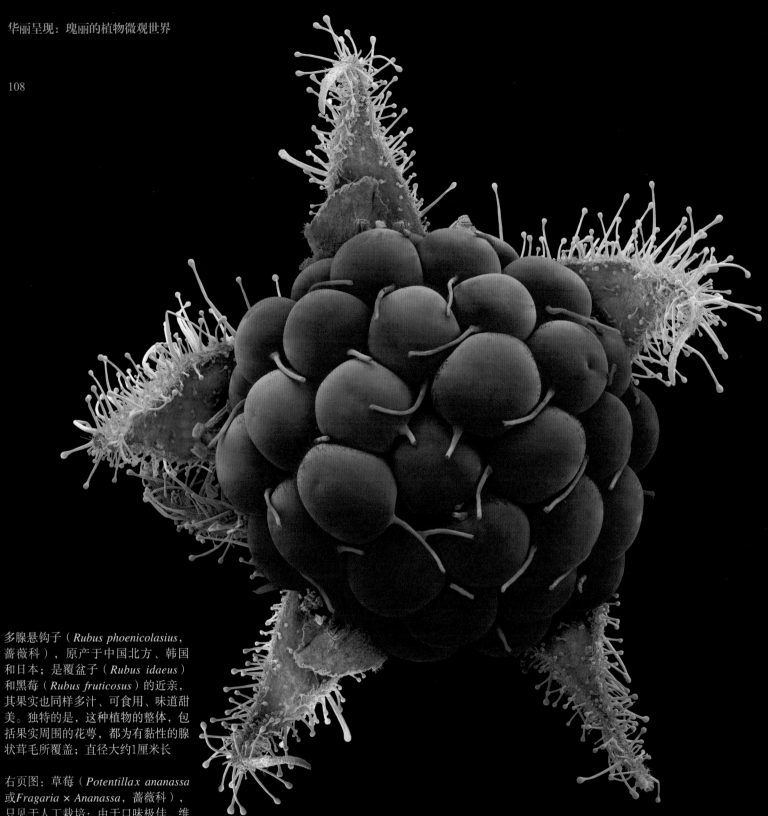

多腺悬钩子（*Rubus phoenicolasius*，蔷薇科），原产于中国北方、韩国和日本；是覆盆子（*Rubus idaeus*）和黑莓（*Rubus fruticosus*）的近亲，其果实也同样多汁、可食用、味道甜美。独特的是，这种植物的整体，包括果实周围的花萼，都为有黏性的腺状茸毛所覆盖；直径大约1厘米长

右页图：草莓（*Potentilla* x *ananassa* 或 *Fragaria* × *Ananassa*，蔷薇科），只见于人工栽培；由于口味极佳、维生素含量高，草莓蜚声海内外，是最受大众喜爱的水果之一；果实可达3厘米长

多汁的诱惑

　　我们自己对果实的喜爱，最能证明可食用的奖励对传播种子的动物所具有的巨大吸引力。每一种又香又甜、汁水又多的果实都备受喜爱，在它们背后都无一例外地蕴藏着植物要传播其种子的决心。果实香甜的果肉简直就是诱饵，甚至远胜诱饵，成心要引诱一个潜在的传播者吃进这口珍馐美味，连果肉带种子一起吞下肚去。吃饱之后，这只动物就会心满意足地走开，稀里糊涂地就让种子就搭了便车，周游四方。几个小时过去，饱餐的东西消化掉了，最后排出粪便，这时，种子就该"下车"了。运气好的话，其中的一些种子会落在一个适宜的地区生根发芽，彻底脱离自己母株的荫蔽。这种形式的传播即"动物体内传播"（*endozoochory*）。

　　在脊椎动物中，鸟类和哺乳动物是最重要的传播者，尤其是在我们所处的温带地区。在热带地区，食果鸟、果蝠和猴子是传播者中居功至伟者，还有一些鱼类和爬行动物也参与了种子传播，但它们所起的作用有限。

　　其实在植物生长过程中，它们的果实并不起眼，质地很硬，也没什么味道，比较好的情况是带些酸味，不好的则是有些毒性。这么说吧，种子从开始生长到成熟的很长一段时间里，它的味道能有多糟糕就有多糟糕，难以入口。一旦种子做好了传播准备，它的果实就会频频发出信号：这里有好处，既安全可靠，又富有营养，赶快来吧，不会让你白费辛苦。各种信号的性质取决于植物想要吸引的动物种类。鸟类的色彩分辨能力超群，但嗅觉差强人意，所以，适合鸟类的传播体（鸟类传播，*ornithochory*）就没有什么气味。相反，植物会通过改变颜色的方式，抓住鸟类的眼球，也就是从绿色到更加显眼的其他颜色。在一个绿色背景中，鸟类分辨红色的能力最强，其他如紫色、黑色，有时是蓝色，或者这些颜色的混合（尤其是红色和黑色的混合），鸟儿们也能识别出来。想要吸引哺乳动物则需采取另外的策略，那些动物的嗅觉极强，视力反而不佳，况且很多哺乳动物都是"夜猫子"。因此，靠哺乳动物传播的果实色彩往往（但不是经常）都很黯淡（棕色或绿色），但在成熟时能散发出一股强烈的芳香。苹果、梨子、枸杞、榅桲、柑橘类水果、桲果、木瓜、百香果、甜瓜、香蕉、菠萝、波萝蜜、面包果和无花果就是吸引哺乳动物的范例，有些哺乳动物能成为它们种子的精准传播者，包括啮齿动物、蝙蝠、熊、黑猩猩、猴子，甚至大象和犀牛。

下页为香甜、多汁的果实示例。左上图：树番茄（*Solanum betaceum*，茄科）；直径4厘米。中上图：美味猕猴桃（*Actinidia deliciosa*，猕猴桃科）；直径4厘米。右上图：番木瓜（*Carica papaya*，番木瓜科）；12厘米长。中图：柚子（*Citrus maxima*，芸香科），直径15厘米。中右图：紫百香果（*Passiflora edulis forma edulis*，西番莲科）；直径4厘米。左中图：甜瓜（*Cucumis melo* subsp. *melo* var. *cantalupensis* 'Galia'，葫芦科）直径大约16厘米。左下图：石榴（*Punica granatum*，千屈菜科）；直径11厘米。右下图：火龙果（*Hylocereus undatus*，仙人掌科），约16厘米长。第111页：左上图：甜瓜（*Cucumis melo* subsp. *melo* var. *cantalupensis* 'Galia'，葫芦科）直径大约16厘米。中上图：无花果（*Ficus carica*，桑科）；直径4厘米。右上图：桃子（*Prunus persica* var. *persica*，蔷薇科）；直径6厘米。右中图：沙梨（*Pyrus pyrifolia*）直径8厘米。左中图：杧果（*Mangifera indica*，漆树科）；10厘米长。右下图和中图：榴梿果（*Durio zibethinus*，锦葵科）；25厘米长。左下图：荔枝（*Litchi chinensis* ssp. *chinensis*，无患子科）；3厘米长

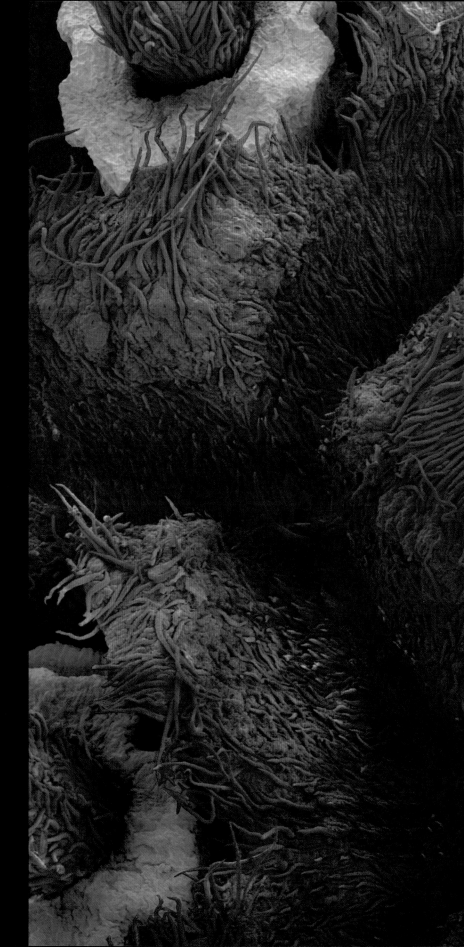

四照花（*Cornus kousa* subsp. *chinensis*，山茱萸科），原产于中国的中部和北部；其可食用的肉质果实由球状花簇发育而成，由明亮的红色穗状核组成，直径约2厘米。通过显微镜可以观察到它的一个未成熟果实的极细微之处，图中展示的是一朵单独的花，其毛茸茸的花萼环绕着子房（雄蕊早已脱落）；花柱，1毫米长

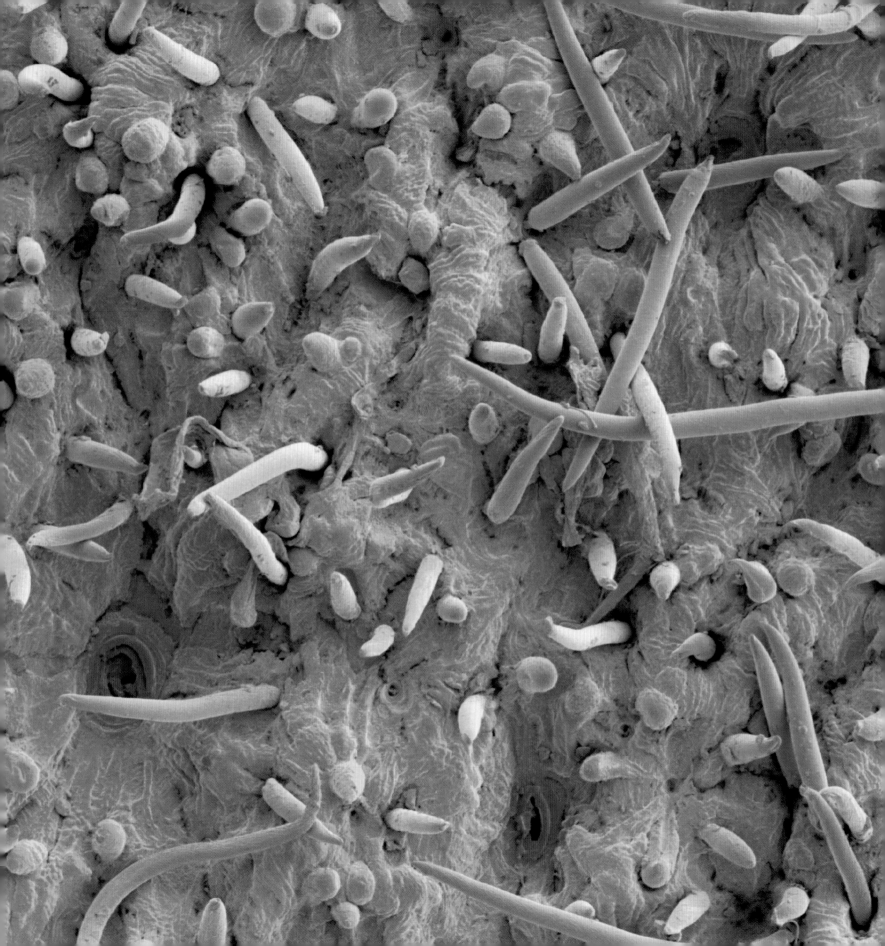

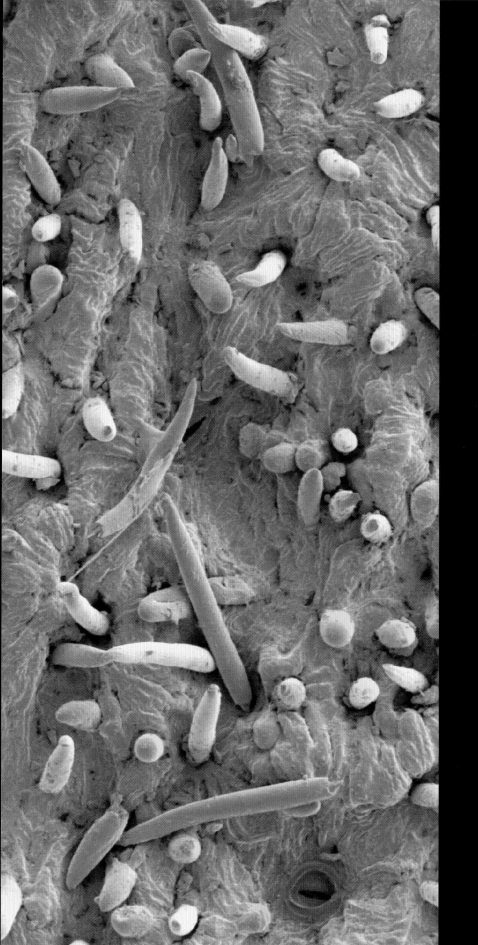

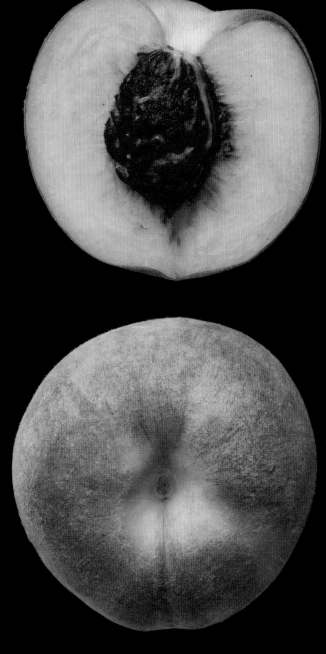

桃（*Prunus persica* var. *persica*，蔷薇科），最早产自中国；图示分别为整个桃果实（核果）和切成一半的桃果实。图片展示了果实表面的显微细节；桃子表皮由于长着数千个毛状体（茸毛），因而形成了毛茸茸的质地，毛状体大部分是非常短的气孔（呼吸孔），气孔在图片上被标注为红色；图片显示的区域实际宽度为0.7毫米

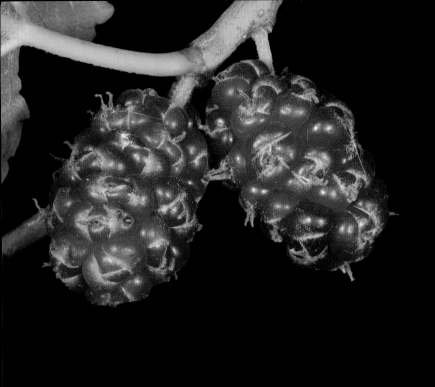

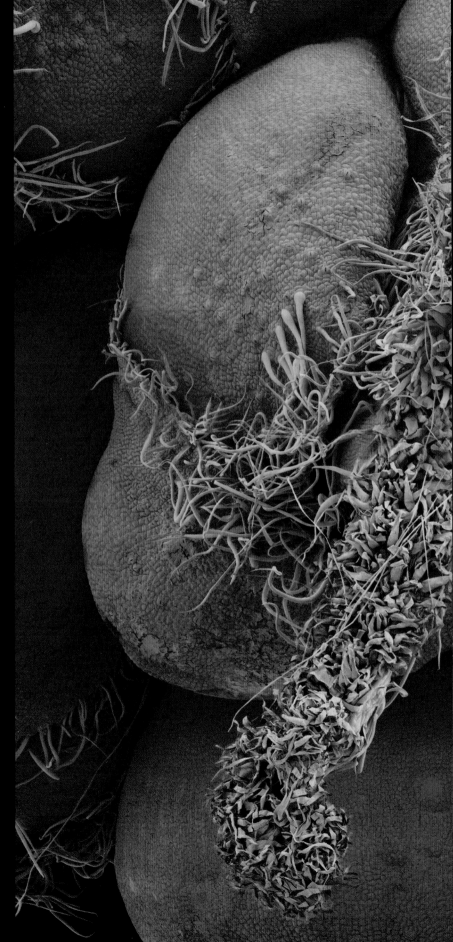

黑桑（*Morus nigra*，桑科），自远古时期就开始人工栽培，原产地可能是中国；尽管其外形与黑莓或覆盆子相似，但黑桑是由一个完整的雌性花序形成的，在这个花序里，4个小花瓣呈十字排列，下面的花序茎轴就长得肉乎乎的了。子房自身会变成单种子小核果，它们的小果核就形成了果实的硬质部分。图示为果实，约2.5厘米长。显微细节显示出这些个体小果实，其枯萎的柱头仍然保留着；小果实，5.3毫米宽

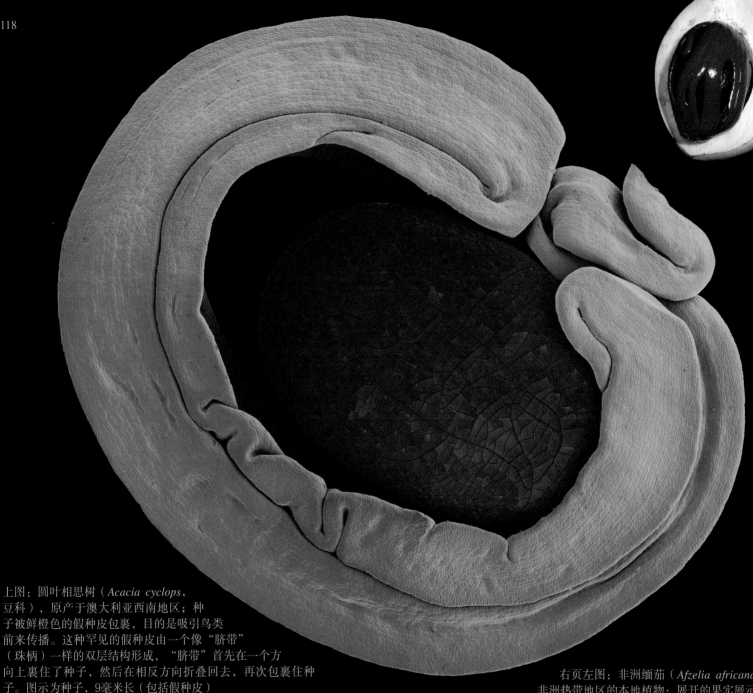

上图：圆叶相思树（*Acacia cyclops*，
豆科），原产于澳大利亚西南地区；种
子被鲜橙色的假种皮包裹，目的是吸引鸟类
前来传播。这种罕见的假种皮由一个像"脐带"
（珠柄）一样的双层结构形成，"脐带"首先在一个方
向上裹住了种子，然后在相反方向折叠回去，再次包裹住种
子。图示为种子，9毫米长（包括假种皮）

顶图：肉豆蔻（*Myristica fragrans*，肉豆蔻科），原生于印度尼西亚的马
鲁古群岛；果实由一个单体种子（也就是用于贩卖的肉豆蔻）构成，包
裹在一个肉质的、长得像花边的深红色假种皮里，这种假种皮可制成一
种名为"肉豆蔻衣"的香料。在野生环境中，这种色彩斑斓的外观能吸
引皇鸠（*Ducula* spp.）和犀鸟（犀鸟科），这两种鸟类都能吞下个头大
的种子；种子约3厘米长

右页左图：非洲缅茄（*Afzelia africana*，豆科），
非洲热带地区的本地植物；展开的果实展示着它的大个
黑色种子，其鲜橙色附属物可食用，这是吸引鸟类传播的一种典
型的进化适应方式；果实，17.5厘米长

右页右图：红冠果（*Alectryon excelsus*，无患子科），原产于新
西兰；不显眼的褐绿色果实张开时会有一个不规则的裂口，黑
色的种子包裹在鲜红色的肉质假种皮中，不需多时，鸟儿会发
现并吃掉种子，这充分证明红冠果的鸟类传播策略相当奏效。果
实，8~12毫米长

五颜六色的附器

　　靠动物传播种子的果实提供的美味通常是可食用的果肉。体形大的种子还会长附器，称为假种皮（arils），假种皮的功能只有一个，就是用来吸引鸟类。对鸟类传播者来说，果实色彩的鲜明反差会起到重要的诱惑作用，假种皮在这部种子传播大戏中也有一定的戏份。卫矛（Euonymus europaeus，卫矛科）的种子长有假种皮，果实颜色异常艳丽，是北部温带地区少有的几个同类实例之一。

　　它的室背开裂，鲜红色蒴果绽开后，会露出 3 个或 4 个种子，裹在一个深橙色假种皮里。一旦悬垂的果实彻底绽开，种子会掉落，挂在短"脐带"（珠柄，funicles）上，来回摇摆，为整体场景的展现增添了动感。但如通常情况一样，热带地区假种皮的普遍优势是个头大，色彩对比更加极端。白色假种皮和黑色种子在红色果皮的映衬下俨然就是一个理想的传播设施，不同的植物独立演化出那样的器官，如原产于美洲热带地区的牛蹄豆（Pithecellobium dulce，豆科）和猴耳环（Pithecellobium excelsum，豆科）。鸟类传播综合征的另外一个常见模式是在鲜亮的果皮背景下展现黑色种子，黑色种子上长着橙色或红色的附器，这种情形就出现在室背开裂的鹤望兰（Strelitzia reginae，鹤望兰科）的蒴果中。鹤望兰属植物原产于南非，它的种子长着一个怪异的假种皮，就像一个乱蓬蓬的橙色假发。一模一样的综合征也出现在依靠鸟类传播的豆科植物中，如非洲缅茄（Afzelia africana）和圆叶相思树（Acacia cyclops）。新西兰的缅茄长有黑色种子，种子被包在果肉厚实的红色假种皮中，这种红假种皮会冷不丁从不起眼的褐绿色的果实显出真身。

　　所有假种皮中最珍贵的红色假种皮隐藏在一个相当不起眼的果实里。当肉豆蔻（Myristica fragrans，肉豆蔻科）的厚皮果实向中间裂开，一个单体大种子携着一个靓丽的假种皮就光彩四射地呈现出来，假种皮长得像花边，通体深红。肉豆蔻的果实起初呈绿色，后来演变为淡黄色，再到最后变成了浅棕色。在过去数百年的香料贸易中，由肉豆蔻种子和假种皮制成的"肉豆蔻坚果"和"肉豆蔻衣"成为最贵重的商品。它们都散发出一种异常芳香的味道，而且两种味道也很相似，不过相比起来，人们认为假种皮的气味更柔和一些。鸟类是肉豆蔻种子的天然传播者。在印度尼西亚，皇鸠（鸠鸽科）和犀鸟（犀鸟科）可能是最重要的天然传播者。

雪木（*Pararchidendron pruinosum*，豆科），原产于马来半岛、印度尼西亚、菲律宾、新几内亚和澳大利亚东部；其果实的色彩组合提示我们这是鸟类传播综合征，但不会给鸟儿供给可口的美味。这是一种果实的拟态，也就是一种果实模仿另外一种果实的外观，或许至少能糊弄某些懵懵懂懂、涉世未深的食果鸟类幼崽，欺骗它们吞下这种硬实的种子，不过，这种观点迄今仍然颇有争议。果实，8~12厘米长

植物王国的"骗子"

　　至此，我们探索美到极致的植物王国的旅程快要抵达终点了。最后，我们要讨论植物相当阴险的一面，也就是它们的欺骗性。无论在何方，只要两个物种间存在蓬勃发展的亲密关系，互通有无，互惠互利，那里就一定存在着诡计和欺骗、损它利己、蝇营狗苟。它们企图耍些小聪明，白吃白喝，不劳而获，坐享其成。可悲的是，这种偷懒耍滑的可悲手段不仅在人类社会根深蒂固，也是自然界的一般规律，植物界当然也不例外：它们也试图节省物料和能量，获得一种进化优势。一些食果鸟类和猴子会偷果肉吃：它们专挑一个果实中果汁多的部位大吃一通，在树下将种子丢弃。相应地，有一部分植物进化出多种模式，耍花招设计谋诱骗动物吞食它们的种子，同时，又不提供能量犒劳动物，让动物们白忙活一场。禾本科植物通过把它们又干又小的果实隐藏在叶子中并诓骗大型食草动物。1984年，生态学家丹尼尔·詹曾（Daniel Janzen）把植物的这种策略定义了一个术语，名为"叶子等同于果实"。其他植物则是公开行骗、无所顾忌，它们的果实或种子色彩差异悬殊，这类情形能模仿果肉肥厚的鸟类传播体，像是浆果类、核果或长有假种皮的种子。它们会假装拿出好吃的，但实际上虚晃一枪，不能给动物提供任何营养，不过对植物来说，这种方式的代价有些昂贵，能量消耗巨大。

　　尽管果实拟态的概念仍存争议，但多个试验表明，至少一部分天真幼稚的以果实为食的鸟儿会被欺骗，呆鸟们误把拟态果实中带有欺骗性的种子当成货真价实、果厚肉肥的传播体，从而吃进肚里。拟态果实的实例很少见，主要属于豆科（Leguminosae），偶尔也可能有其他科的"嫌疑分子"，如无患子科［举个例子，假山椤属（*Harpullia*）的物种］。豆科植物的一个常见策略是在内心皮壁背景的映衬下对外展示黑色、红色或者对比鲜明的红黑两色种子，内心皮壁的颜色范围从米黄色或浅黄色到深橙红色，而这些种子和内心皮壁拥有一个共同特点：都不能吃。

右图：北岛金雀花（*Carmichaelia aligera*），豆科，新西兰是其原产地；以如此招摇的方式展现色彩靓丽的坚硬种子，强烈昭示着"这里欢迎鸟类传播"。然而，这种果实实际上并没有可食用的部分作为回报，所以鸟类应高度警惕这可能是一种欺骗伎俩。果实，大约1厘米长

下图：相思子（*Abrus precatorius*, 豆科），这种攀爬植物遍布热带地区；它们的种子呈红色，很硬，却散发着暗幽幽的光，很像是一种适宜鸟类传播的多肉果实。它们的外表姹紫嫣红，但却具有毒性，美丽之下隐藏着危险。它的种子是植物首饰制作者的至爱。种子，直径4毫米

雪木是澳大利亚雨林的一种小型树种，其扭曲的豆荚里长着黑中透亮的种子，在内果壁绚丽的红色背景衬托下相当显眼，像是故意在炫耀，所以它也被称作"猴子的耳环"。新西兰的北岛金雀花（*Carmichaelia aligera*）不寻常的果实让人怀疑它也在耍花招。一旦它的果皮脱落，长着稀疏斑点的闪亮的红色种子就会显露出来，与周遭的黑色果实框边形成鲜明的对比。

尽管外表看起来像"多汁"的模样，颇具吸引力，雪木、北岛金雀花以及它们其他欺诈同伙的果实和种子还是又硬又干。对以食果实为生的鸟类来说，这些都是废物；但对植物饰品喜好者而言，它们可都是宝贝。刺桐（刺桐属的物种）和其他诸如光海红豆（*Adenanthera pavonina*）、侧花槐（*Sophora secundiflora*）和巴拿马的红豆（*Ormosia cruenta*）的纯红色种子更是宝中宝，其中光海红豆产自东南亚和澳大利亚，侧花槐则是美国西南地区和墨西哥的本土植物。不过，在人们的眼中，更宝贵的是红黑双色的种子，它们是遍布热带地区的相思子（*Abrus precatorius*，也叫作"螃蟹眼"、相思豆或帕特诺斯特豆）、源自南美和加勒比地区的单子红豆（*Ormosia monosperma*）以及美国玫瑰豆（*Rhynchosia precatoria*）。

在植物饰品的制作者的眼中，能长出又硬又亮、色彩斑斓的种子的物种不是太多。固然，植物中存在那么多的阴谋诡计，也只有在欺诈者属于少数派的前提下，拿给饥肠辘辘的愚蠢动物好看但不能吃的种子，它们才傻乎乎地会上当。太多的拟态种子阻挠了真正的传播者，迫使它们去寻觅更可靠的食物来源。最后的结果就是，一朝被蛇咬，十年怕井绳，传播者们既不吃欺骗性的种子，也对能吃的种子不理不睬，所有参与的各方都如流沙般陷落，没有赢家。一切都攸关生物世界的生存，物竞天择的进化会在所有生物间小心谨慎地保持着一种平衡。

上图：绣球聚花草（*Floscopa glomerata*，鸭跖草科），原产于南非；种子，1.5毫米宽

右页图：矢车菊（*Centaurea cyanus*，菊科），原生于欧亚大陆和北非；坚硬的短毛绒簇相当于有亲缘关系的药用蒲公英（*Taraxacum officinale*）靠风媒散播果实时使用的"降落伞"（冠毛）。不过，矢车菊鱼鳞状的冠毛片既没有特意妥当排列，个头也不是很大，在风媒散播中起不到任何作用。

相反，那种鳞片会随着湿度变化内外往复移动，促进地面上的果实长高几厘米。非常短的叶齿指向前方，沿着冠毛鳞片的边缘排列布局，这种组合方式使鳞片不会向相反方向移动。为更便于吸引蚂蚁前来传播，在基部的连萼瘦果会长着一个可食用的"油脂体"（*elaiosome*）；果实，6毫米长

永恒的植物之美

迄今为止，我们希望前面所述内容已激发并增强了读者对植物和依赖植物的其他生物的迷恋与热爱，包括我们人类自己。本书中展现的千变万化的奇妙图景会时常提醒我们，植物不只具有实用性，它们极其复杂的生存技能也异常旖旎多姿。尤其重要的是，就像我们大多数人一样，植物是活生生的生灵，必须挣扎着才能生存下去，而所有这一切造就的植物之美更加神秘，更加令人难忘。

这本书意在用生动、有教育性的手法颂扬和赞美植物王国的奇妙。但是，当下这个星球上存在一些迫在眉睫的严重问题，正在改变甚至毁灭我们生活的几乎所有的方方面面，面对这一严峻的形势，我们不能有一丝一毫的懈怠。人口的过度增长导致了对自然环境的大规模且不负责任的破坏，造成的恶果就是，在全球范围内，许多植物和动物物种以越来越快的速度灭绝。物种的灭绝是不可逆的，相当于从地球这个巨大而美丽的七巧板拼图中去掉了其中一块，这是数百万年进化的结果。除此以外，更可悲的是，一个物种的灭绝还会影响大量其他物种，它们共享着同一个美好家园，在一起同甘共苦至少数千甚至数百万年。这种生命之网是无数种关系并存的错综复杂的网络，每当有一个物种消失，就会激起涟漪效应，导致的后果难以预料。每个濒危的物种都会在这张生命之网上留下裂痕，一旦有物种灭绝，这张网就又会断裂一段、破损一些。人类曾经是贯穿于生命之网中的一条线，但在大约一万年前，人类开始掠夺地球的资源，并且在这个过程中，一点一点地把这条线截短，随着时间的流逝，人类自己慢慢地毁掉了这条宝贵的生命线。我们必须时时刻刻警醒自己，正是这张生命之网极度丰富的多样性才能承载人类自身。我们今天正在侵蚀着它，直白地说，这无异于割断我们赖以生存的生命之源，让我们最终在不知不觉中走向自我毁灭之路。

化石记录无情地警示我们，地球上的生命已经经历了 5 次全球性大规模的灭绝。每一次灾难过后，全球生物多样性的恢复都需要 400 万到 2000 万年的漫长岁月。从人类的眼光看，这种无法想象的时间跨度对现代人意味着"永生"，因为智人自身存在的时间也不过 20 万年。所以，如果我们的环境在短期内哪怕有一丝恢复的机会，就必须立刻毫不迟疑地展开行动。

今天，我们越来越能意识到人类会给环境带来灾难性的破坏。地球上人口过度膨胀和气候变化所带来的威胁造成的恐慌正在显现，正在对人类"文明"产生可怕的后果。尽管这种可怕的后果有违所有人的初衷，但这种恐慌反而带来了人类觉醒的一线希望。现代人（*Homo sapiens sapiens*，又称"智人"）可能迟早会找到一个对得起自己名号的办法，最终战胜自私自利的本能，让理性的光芒照耀在人们心间。

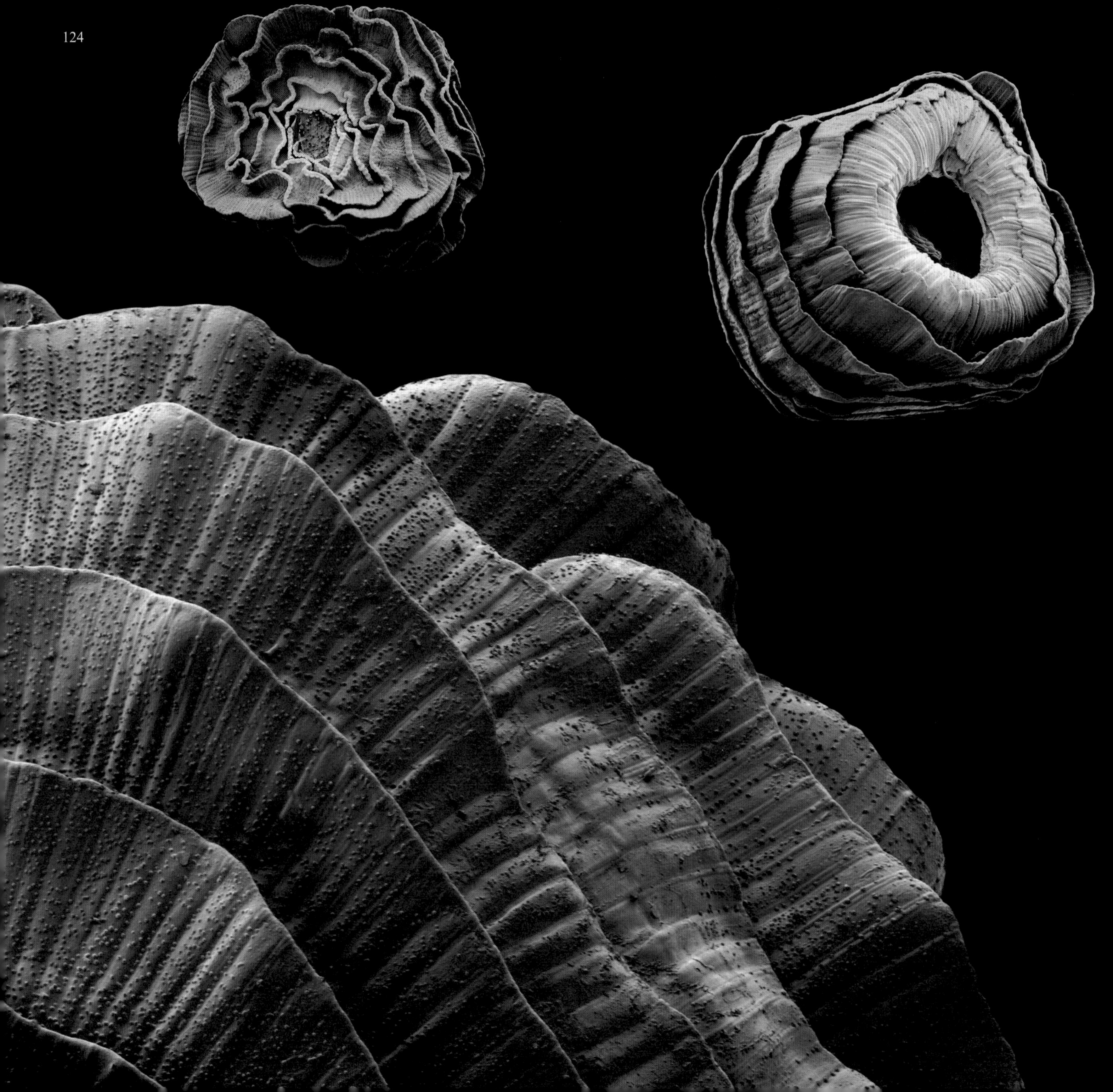

左页上图：飞燕草（*Consolida orientalis*，毛茛科），原产地为南欧；依风媒散播的种子排成螺旋形，像是穿上了美丽的衣裙；轻薄的花瓣像纸一样；种子，直径1.8毫米

左页下图：翠雀属植物（*Delphinium peregrinum*，毛茛科），原产于地中海地区；种子，直径1.2毫米

右图：翠雀属植物（*Delphinium requienii*，毛茛科），法国南部、科西嘉岛和撒丁岛为原产地；种子，2.6毫米长

奇妙的植物显微世界

植物世界的色彩和结构的排列组合似乎无穷无尽，因此，它们成了一代又一代的艺术家和插图画家灵感的源头活水，启发他们创作出大量的绘画作品。跨越时间的长河，沐浴在不同的文化背景下，这些艺术品教化了千千万万的观众，也使观众对植物世界产生了浓厚的兴趣。 以科学记录为目的植物插图要求准确度和逼真性，而对植物的想象和诠释显然可以信马由缰、自由奔放，用具备高度表现力的手法来描绘，因此，表现植物也反映了源头材料的多样性和艺术家本人的喜好和意愿。18世纪摄影技术的发展和19世纪晚期显微手段精密度的大幅提高向世人展现了一幅奇幻形式的新图景。尽管前人取得了一些进展，但到了20世纪，特别是第二次世界大战后，原本用于材料科学研究的电子显微镜技术取得了巨大的进步，生物学家们敏锐地注意到了这项难得的科研成就。光学显微镜不再成为探索"看不见的"自然界唯一的主角。从此，在电子显微镜诞生后的多年里，只有在某些卓越创新中心才配备这些高度专业化而且极其昂贵的仪器设备，由实验科学家们操作和使用。通过艺术手法来表现科学的大量机遇更是连做梦都不敢想。今天，经过20年的发展，数字成像技术取得了突飞猛进的发展，一种通用的表现手法应运而生，这种手段为艺术界与科学界的跨界密切合作提供了巨大动力，展现了美好的广阔前景，理想正在变成现实。正是由于艺术家想方设法探索某些新技术所具有的潜力，因此就有了这样的尝试：通过把扫描式电子显微镜的功能应用在色彩处理的领域内，竟然产生了意想不到的效果，本书中花粉、种子和果实奇幻瑰丽的图像就是这种妙手回春的跨界创新手段的完美展现。如此而来也产生了另外的效果，那就是这种极具科学完整性的图片产生了一种惊人的超真实感。

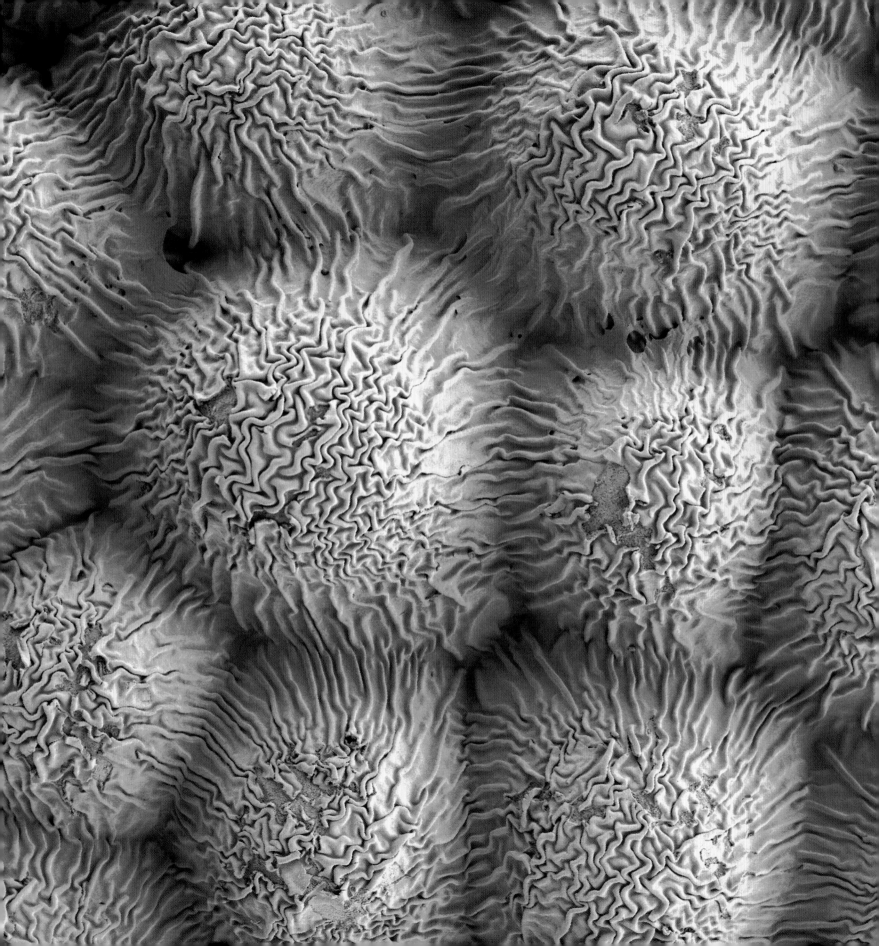

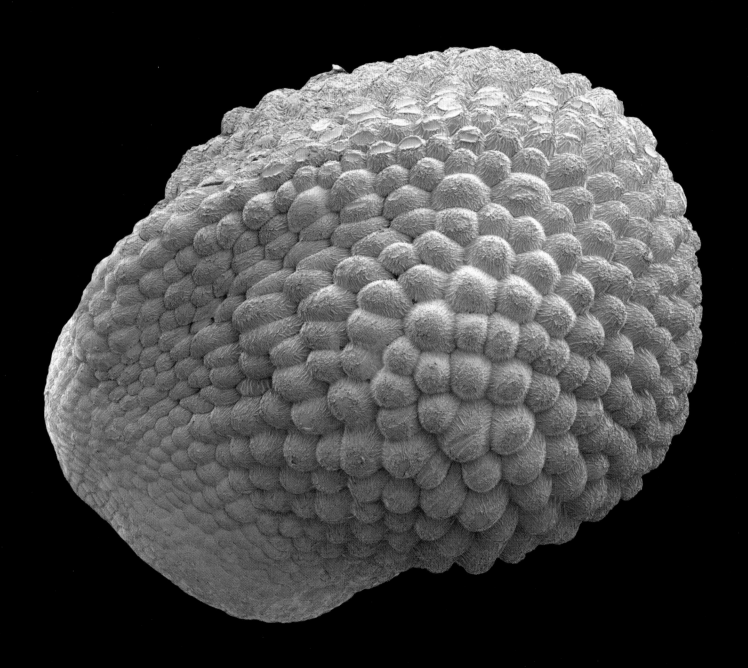

上图：岩牡丹（*Ariocarpus retusus*，仙人掌科），原产于墨西哥；种子长得像岩石，用来伪装其外表，岩牡丹属大约有8个物种，都是长得最慢的仙人掌种类，通常需要10年时间才会第一次开花；种子，1.5毫米长

左页图：种皮的细节；在高分辨率（300倍）下观察到的突起，每一个突起都代表种皮的一个单体细胞，展现了褶皱的复杂形态，这是卷起的角质层带来的结果，角质层是一种像蜡一样的表层，覆盖着种皮

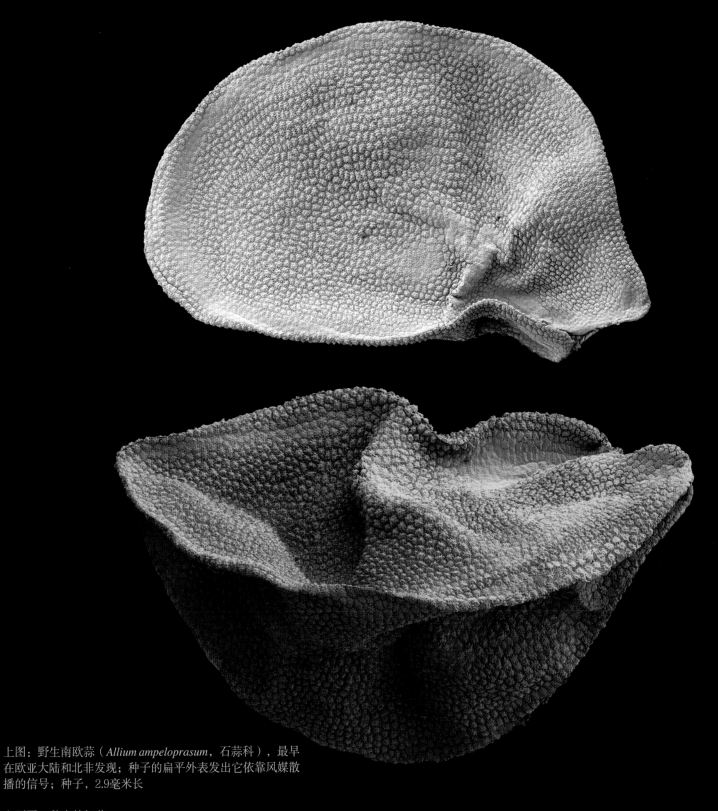

上图：野生南欧蒜（*Allium ampeloprasum*，石蒜科），最早在欧亚大陆和北非发现；种子的扁平外表发出它依靠风媒散播的信号；种子，2.9毫米长

左页图：种皮的细节

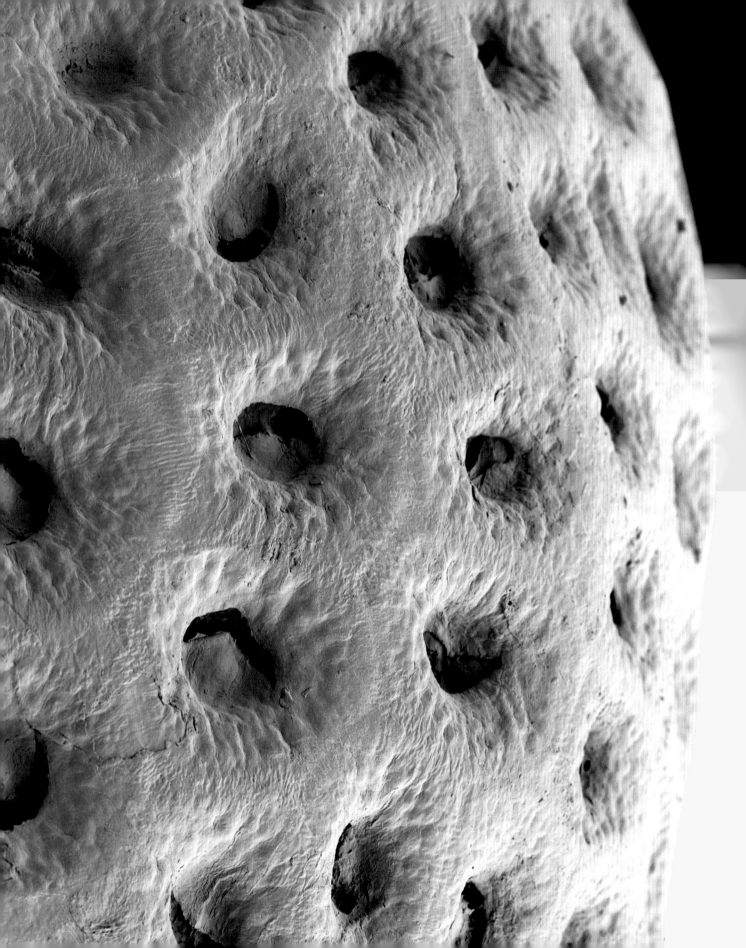

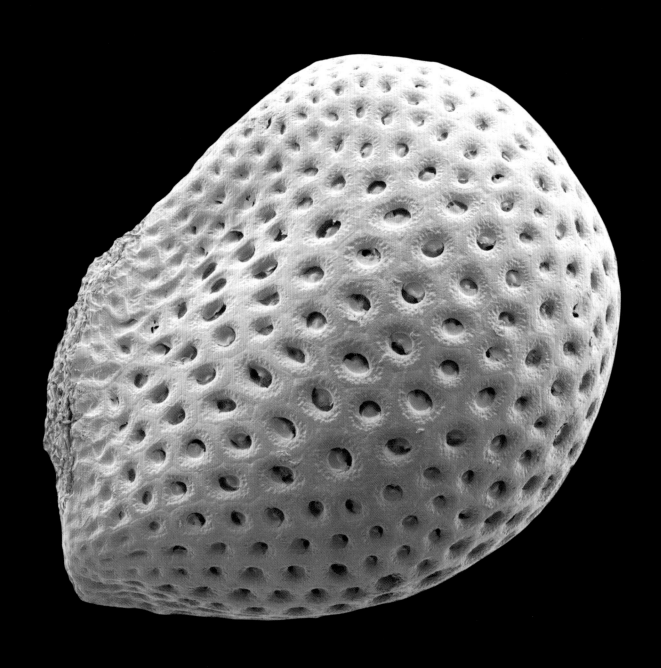

上图：单独丸仙人掌（*Mammillaria dioica*，仙人掌科），原
产地是美国加利福尼亚和墨西哥；种子，1.1毫米长

左页：种皮的细节

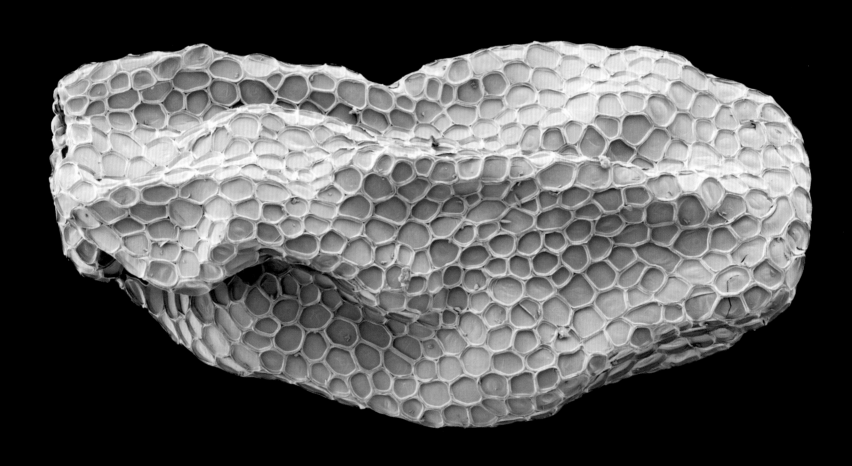

上图：梅花草属植物（*Parnassia fimbriata*，梅花草科），原
产于北美；种子长着像袋子一样松散的种皮，展示着风媒散
播的气球种子的蜂巢形图案

右页图：种皮的细节

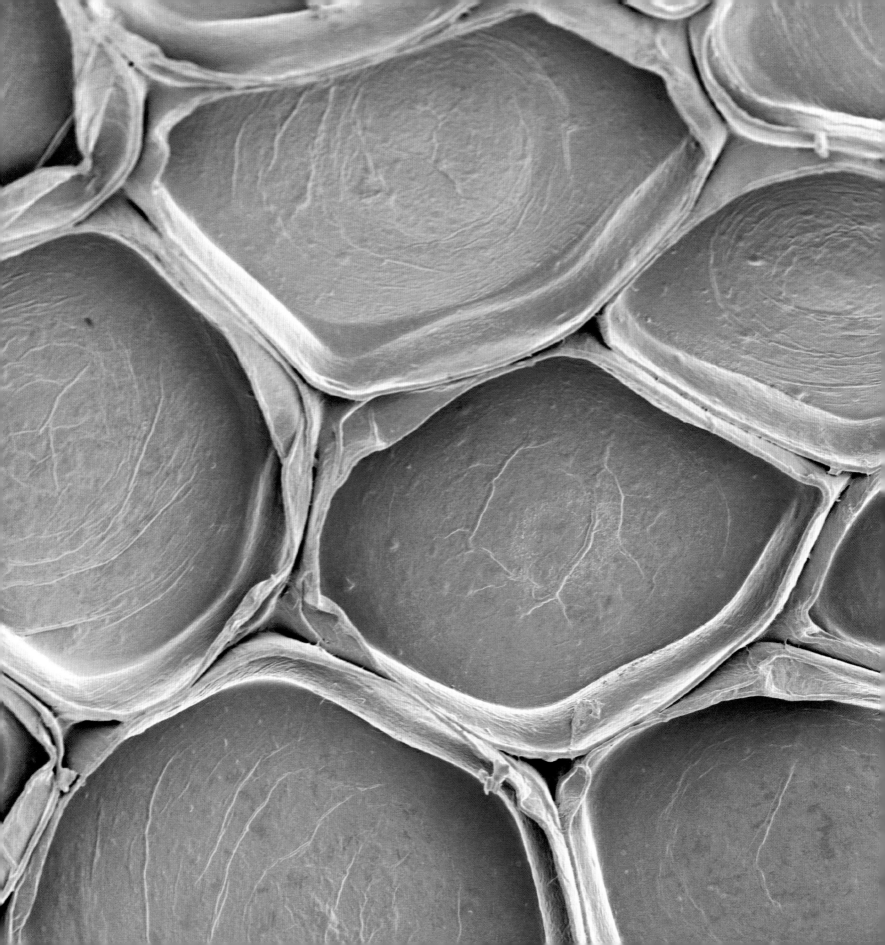

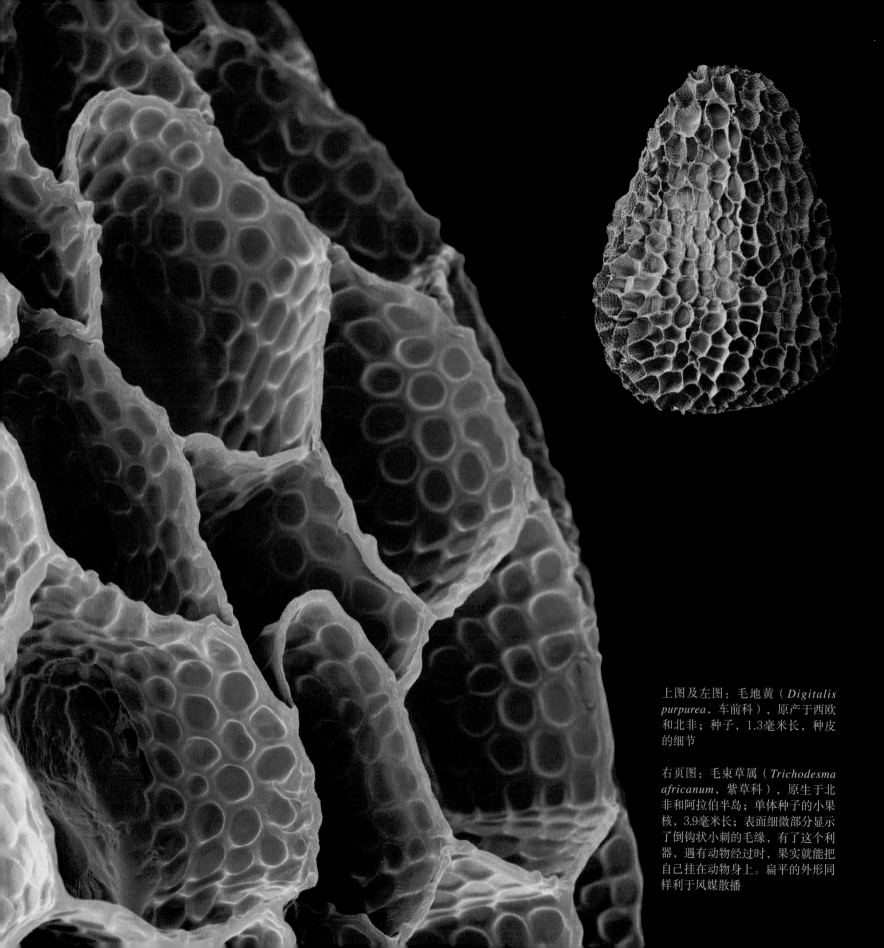

上图及左图：毛地黄（*Digitalis purpurea*，车前科），原产于西欧和北非；种子，1.3毫米长，种皮的细节

右页图：毛束草属（*Trichodesma africanum*，紫草科），原生于北非和阿拉伯半岛；单体种子的小果核，3.9毫米长；表面细微部分显示了倒钩状小刺的毛缘，有了这个利器，遇有动物经过时，果实就能把自己挂在动物身上。扁平的外形同样利于风媒散播

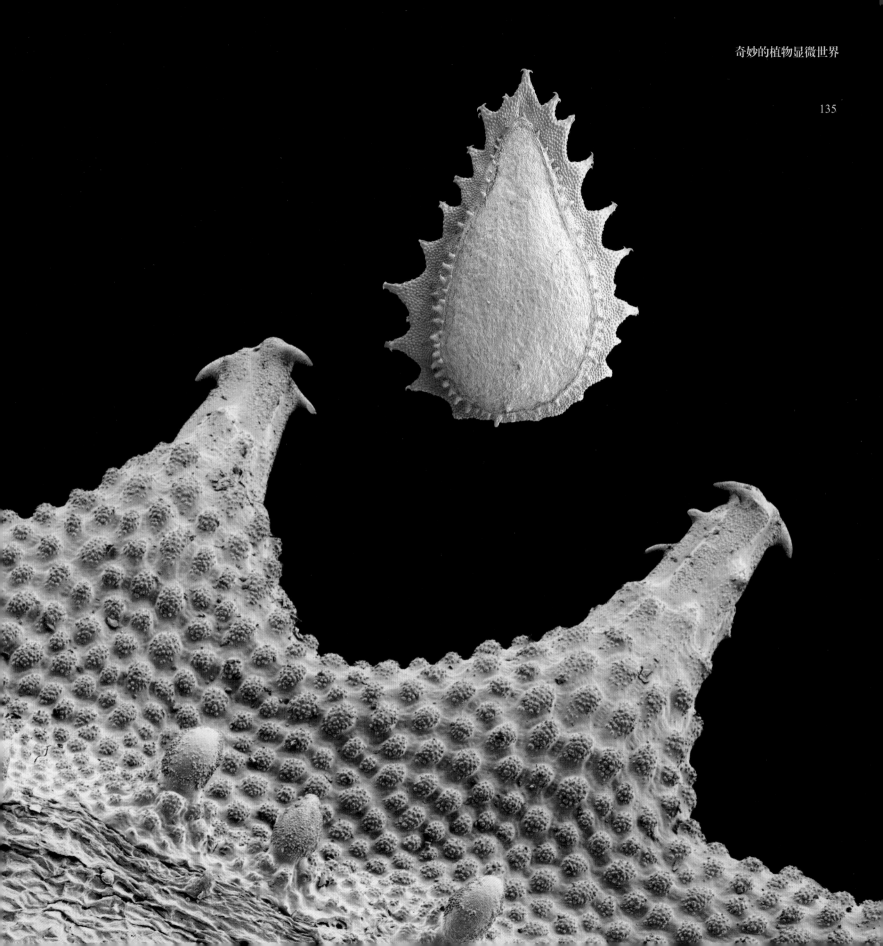

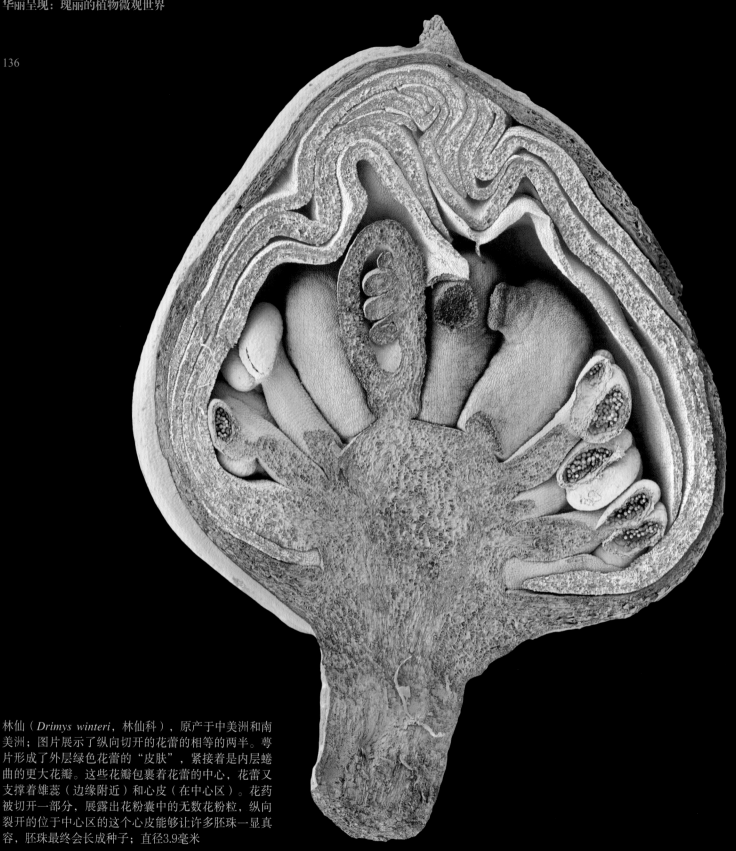

林仙（*Drimys winteri*，林仙科），原产于中美洲和南
美洲；图片展示了纵向切开的花蕾的相等的两半。萼
片形成了外层绿色花蕾的"皮肤"，紧接着是内层蜷
曲的更大花瓣。这些花瓣包裹着花蕾的中心，花蕾又
支撑着雄蕊（边缘附近）和心皮（在中心区）。花药
被切开一部分，展露出花粉囊中的无数花粉粒，纵向
裂开的位于中心区的这个心皮能够让许多胚珠一显真
容，胚珠最终会长成种子；直径3.9毫米

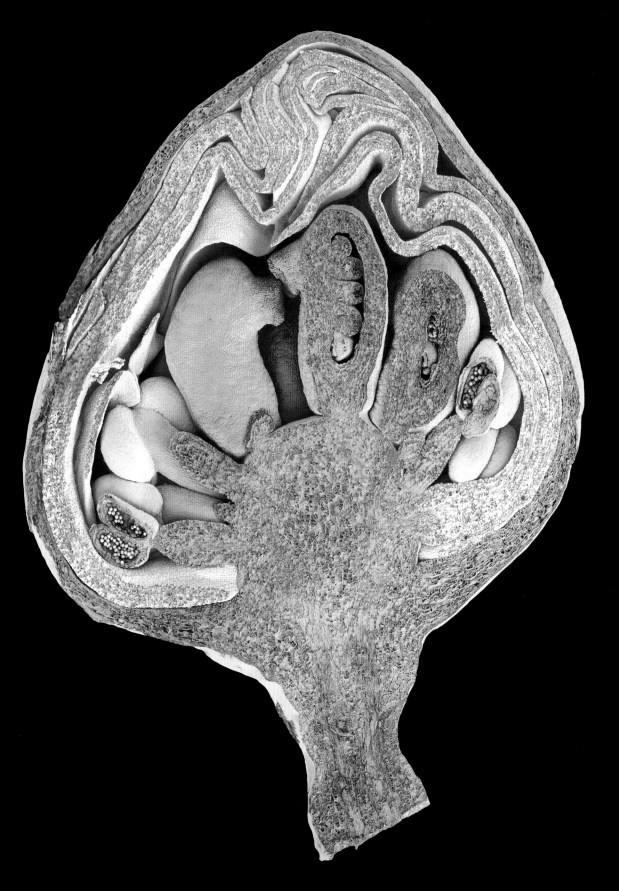

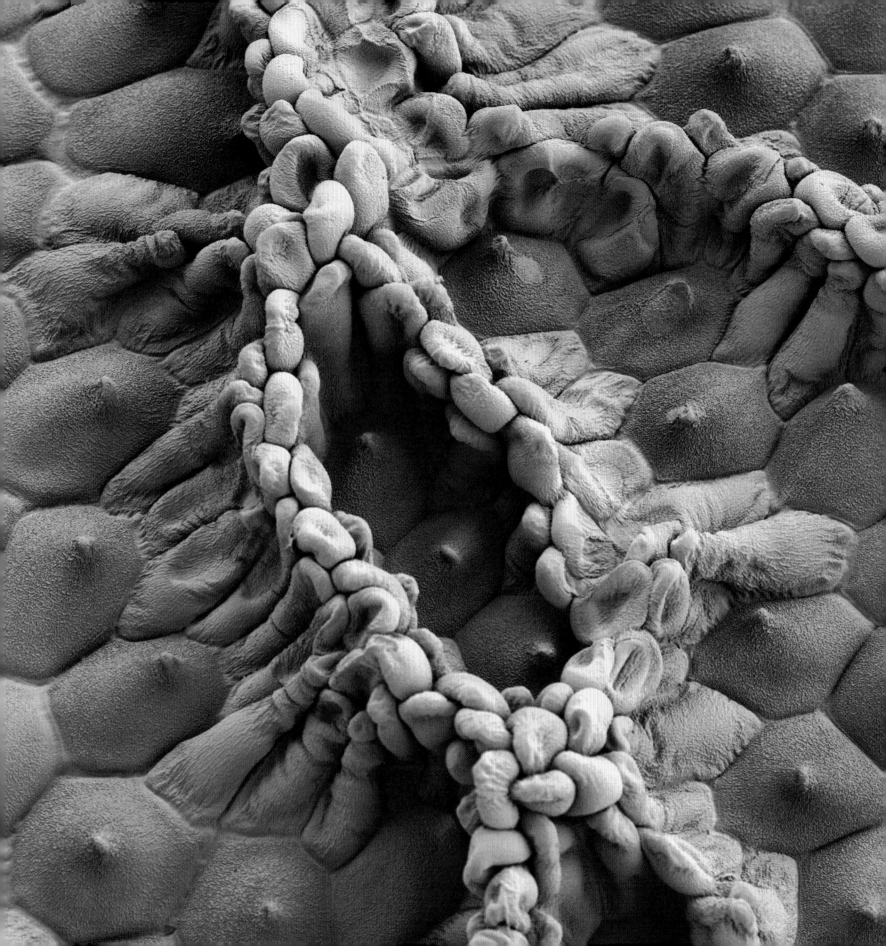

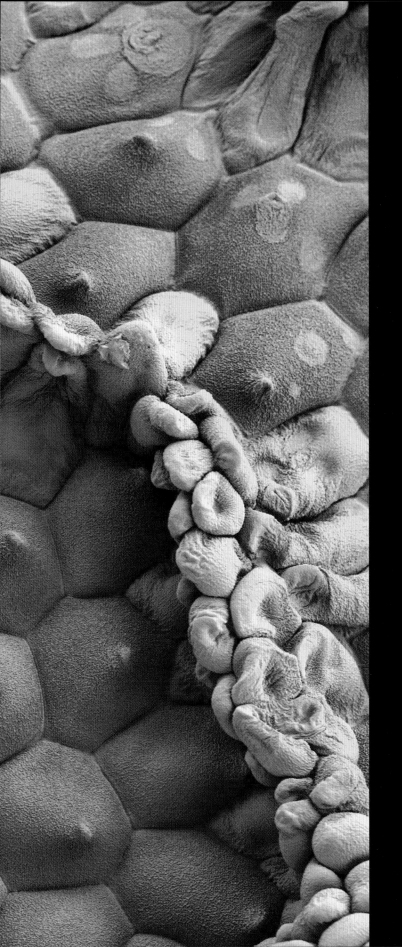

上图：黑种草（*Nigella damascena*，毛茛科），原产于
地中海地区；这种园林植物开蓝色花，很是惹人爱，其
种子显现了非常奇妙的表面图案；种子，2.6毫米长

左页图：种皮的细节

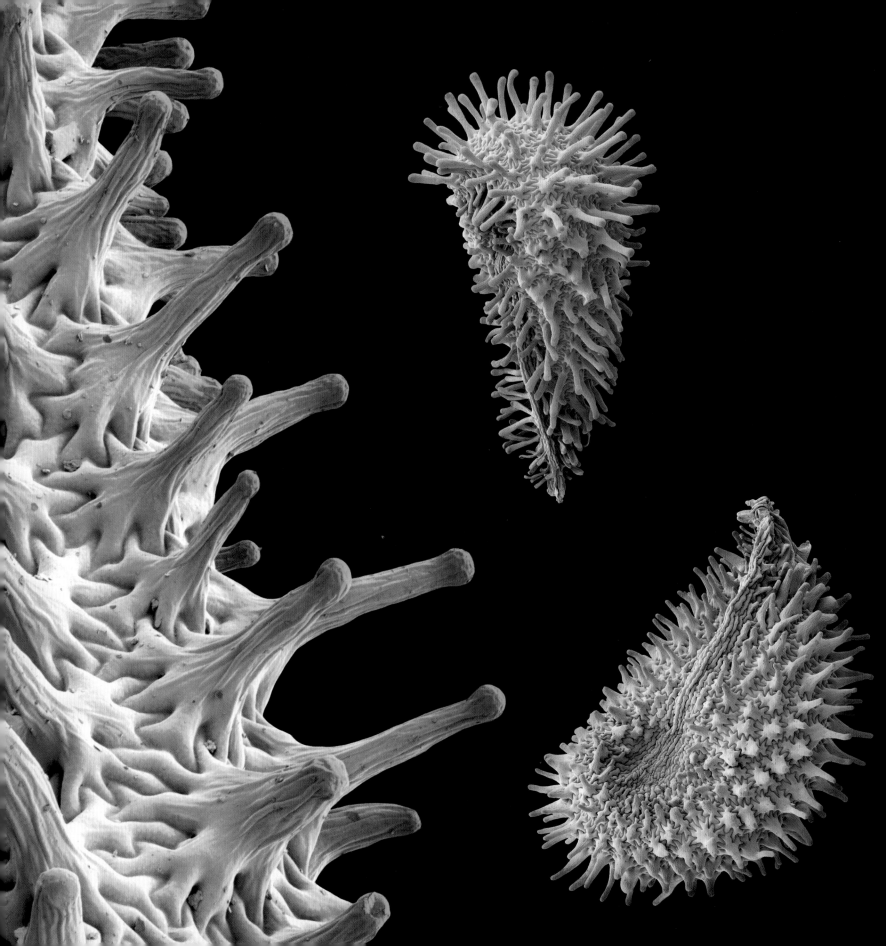

左图：矮毛茛（*Ranunculus pygmaeus*，毛茛科），原产于欧洲北部、阿尔卑斯山脉东部、喀尔巴阡山脉西部和北美；图为带花和果实的嫩枝；花的直径为4毫米

上图：小花毛茛（*Ranunculus parviflorus*，毛茛科），原产于西欧和地中海地区；一朵花能产生几个小果核，图示为其中的一个；小果核表面上的钩子表明它适应动物传播；3毫米长

左页图：橙花虎眼万年青（*Ornithogalum dubium*，天门冬科），最早发现于南非；种皮个体细胞间高低起伏的界缘交互形成了种子的表面，这个表面盘根错节，犬牙交错，犹如拼图玩具；种子1.1毫米长，另一个画面展示了种皮的显微细节

知更草（*Lychnis floscuculi*，石竹科），原生于欧亚大陆；这个种皮的乳头状细胞就像拼图玩具一样环环相扣，相互交织，图示就是由起伏不平的线条构成的眼花缭乱的图案，那些线条勾勒着种皮单体细胞的轮廓。种子0.9毫米长

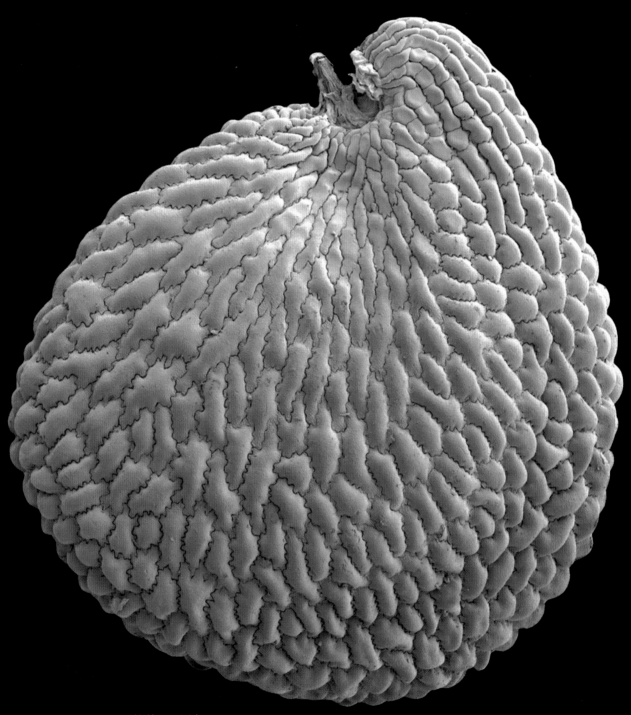

富兰克林沙草（*Eremogone franklinii*，石竹科），原产
于北美；种子图片展示出种子表皮相互交错的拼图般的
图案，是典型的石竹科图案。种子直径1.3毫米

上图：“太平洋沿岸地带”群的一个鸢尾属培育品种的花朵

右页图：尼泊尔鸢尾（*Iris decora*, 鸢尾科），原产地是喜马拉雅山脉；球状的花粉粒上有大量的网状薄片；直径0.065毫米

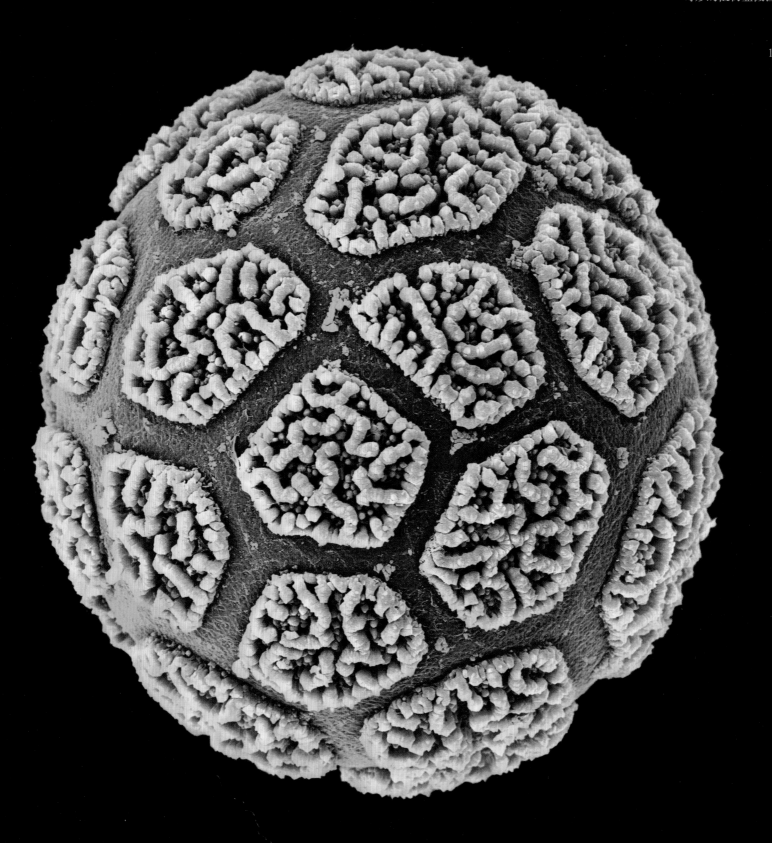

下图：小叶刺球果（*Krameria erecta*，刺球果科），又叫Pima rhatany；原产于美国南部和墨西哥北部，图示为果实（瘦果），在美国亚利桑那州采集后，被送至千年种子库。这种果实已进化出攀附在动物身上皮毛的功能，长长的体刺裹住了果实。这个果实（不含体刺）有8毫米长

页底图：一个刺球果果实被安放在已镀铂的一个铝制短盘上。超薄的铂层涂抹在样本上，会改善次级电子的放射，更重要的是能提高传导性，从而减少这个刺球果果实的静电负荷

下图：邱园皇家植物园乔德雷尔实验室的日立S-4700扫描式电子显微镜（SEM，Scanning Electron Microscope），本书中的显微图像就是由这台仪器生成的

页底图：在扫描式电子显微镜的样本室，铝制短盘上已摆好果实。样本室内是一个高真空环境，目标物体在这里受到电子束的扫描

下图：可见范围内的最低放大倍数的一幅电子扫描显微图像快照。设计扫描式电子显微镜的初衷是用来为极其微小的物体摄制放大图像，比如，刺球果的果实就拍得非常大

页底图：把局部图像整合成完整果实的一幅合成的单幅图片，艺术家的创作才刚刚拉开序幕。原始的黑白照片经过数字化转换，被十分谨慎地重塑。艺术家使用一种像刷子或手指一样灵敏的图形输入板进行创作，利用这种方法，每一幅图像都能变成手工绘制的作品，具备了艺术上的独特性。这些作品脱胎于数字技术，但又具备人工创作的高超艺术水准和艺术价值

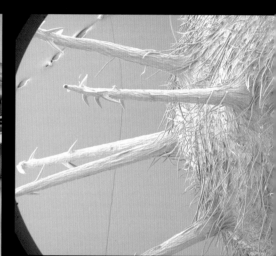

S4700 2.0kV 12.0mm x30 SE(M) 11/30/2007 12:17

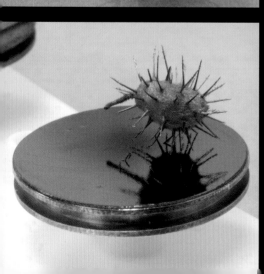

《华丽呈现：瑰丽的植物微观世界》

如何"造就"科学与艺术的联姻

书中前面的部分展示了大量五彩斑斓、姹紫嫣红的各种高清晰度图片，其细微之处的精致让人觉得难以置信，这也是本书的特殊之处。读者也许会很好奇我们是怎么做到的。在这一较短的章节里，我们会简要揭秘照片"背后的故事"，说明采用如此特殊和瑰丽的手法来描绘美到极致的植物王国的过程。

创作这些照片的第一步是用一台扫描式电子显微镜拍摄各类样本。扫描式电子显微镜能拍摄更高分辨率的图片，比传统的显微镜先进得多。用这种显微镜拍摄出的表现微小物体最小细节的图片清晰度如此之高，没有任何其他仪器能够企及。扫描式电子显微镜非常昂贵，每台价格约 50 万英镑。它不采用光线扫描，而是用一个聚焦的电子束扫描和使目标物体成像。

样本必须先经过清洗、干燥，安装在铝制小短盘上，之后才能在扫描式电子显微镜内进行观测。扫描前最后一个步骤是，为了使在电子轰击过程中积聚的电荷溢放，需要采用所谓的"溅涂层技术"，用金或铂把样本涂上极薄的一层。金或铂涂上后，样本看起来像个金属珠宝，小巧、精致。此时，就要准备开始用扫描式电子显微镜进行观测。通过一个特殊的样本交换室，所选用的一些样本被置于显微镜的核心区，即高真空样本室。随着聚焦的电子束以一种光栅化方式扫过样本，各种信号就会生成，把样本表面结构的详细信息传送至一个探测器。将探测器收到的各种信号与电子束的位置坐标综合在一起，这个样本的影像就形成了。

与光波相比，一个电子束的波长要短很多，这正是电子束的优势所在。因此，生成的图像视野更深、分辨率更高，从而使人产生了一种超真实的感觉。唯一的缺陷就是电子束"没有色彩"，所以，生成的各种图像只能以黑白方式呈现。扫描式电子显微镜所拍照片的细微部表现之精微令人震撼，不过，它只是黑白色的，这一点美中不足，让人遗憾。为扬长避短、推陈出新，艺术家的介入就十分有必要。这时，罗布·克塞勒加入了我们的团队，恰逢其时，以解决燃眉之急。实际上，罗布先是花了很长时间来辛辛苦苦"清理"扫描电子显微图片"乱七八糟"的背景，然后，他运用精湛的技巧，对图片进行手工上色，最终把这些电子显微图片变成了摄影艺术精品。罗布使用一个与触摸刷或手指同样敏感度的图形输入板，时而浓墨重彩，时而抹去冗余，小心翼翼，精益求精。经过他的创作，原本单调乏味的灰色显微照片摇身一变，成为生机盎然、活力四射的图像，展现出不同层次的色彩表现力。用这种方法创作出的每一幅图片都变成了手工创作的、独一无二的艺术佳作，而不仅仅是数字技术的产物。

邱园的千年种子库

世界上最大的植物保护倡议

今天，千年种子库合作项目（MSBP）是世界上最具雄心的植物保护项目，该项目由皇家植物园邱园管理运作。2000年，这个项目正式创立，以纪念新千禧年的到来，专门致力于收储世界各地野生植物物种的种子，运行资金源自千禧年委员会（Millennium Commission）、维尔康基金会（The Wellcome Trust）、橙公司（Orange plc）和其他一些企业和私人赞助者。迄今为止，千年种子库合作项目已经发展成一个全球性种子保护网络，涵盖80个国家。

邱园的"乡间花园"千年种子库位于萨塞克斯郡的韦克赫斯特美景地区（Wakehurst Place），是坐落在超级天然风景名胜区（Area of Outstanding Natural Beauty）的一家世界级机构。除了在一个巨大的地下室提供空间存储数以万计的种子样本，千年种子库还致力于推动种子科研、研发处理设施，提供面向公众的展览空间。

到2010年，项目的第一个十年结束，千年种子库共收集、保护并研究了世界上植物群系10%的种子，物种数量超过25000个（依据马伯利1987年的保守估计，全球种子植物大约有242000个物种）。邱园的自然资源保护学家把全部精力集中在地区独有的而且对当地具有重要性的濒危经济物种上，人类活动不断增加的冲击导致地球上的一些地区受到威胁，包括气候变化，这类物种就生长在这类地区。干旱地区、沿岸、岛屿和山地森林生物群落属于特别脆弱的生长地，这些地区是千年种子库合作项目的重点关注的目标，不过，其他生长地也会包括在内，尤其是世界上生物多样性的热点地区。

得益于广泛的国际合作和信息共享，千年种子库收集数以万计的种子这项艰巨任务才能得以顺利完成。千年种子库合作项目中有来自80个国家的大约170家合作机构，它们在这个项目中的活动十分踊跃，种子采集者的足迹遍及全球所有大陆，甚至远至南极洲。千年种子库合作项目的英国计划早已从超过96%的英国本土高等植物中采集了种子。

激励千年种子库合作项目奋力前行的动力是基于这样的理念：生物多样性等同于生物世界的韧性，因此，保护生物多样性的重要性不言而喻。种子库是保护单个植物物种和它们之间遗传变异的一种手段，成本较低，效果明显。收集和保护一个物种的一些种子的全部平均成本约为2000英镑。乍一看，好像成本不菲，但是，如果我们能尽力去应对并驾驭人类所面临的重大挑战的话，这点成本又算不上什么。化石记录无情地告诉我们，地球上的生命早已遭受了5次大规模灭绝事件。每一次灾难过后，地球都需要400万年到2000万年才能使全球的生物多样性恢复到灭绝前的水平。做个对比吧，我们现代人类存在的时间也不过20万年左右，由此可见一斑。这意味着任何一个物种（无论是植物还是动物）如果我们迫使它们走向灭绝之路，造成的空缺很可能必须等上数百万年才会被新的自然进化补上。这个时间跨度简直令人不敢想象，几乎像永恒一样久。当下，每个人的生活都依赖健全并发挥作用的各种生态系统，为了人类的存续，生物多样性是重中之重。在不远的将来，人类导致的灭绝危机将会进一步恶化，我们必须立刻行动起来，采取预防性措施，比如建立种子储存仓库。如果人类对此不管不顾，其后果简直不可想象。为了支持千年种子库合作项目，请访问 www.kew.org/adoptaseed 浏览"Adopt a Seed, Save a Species"（《收集一粒种子，挽救一个物种》）栏目。

术语表

世代交替（alternation of generations）：与动物的生命周期不同，植物的生命周期包括两代，即二倍体孢子体（有两组染色体，每个亲体提供一组）和单倍体配子体（只有一半的染色体）。单倍体的配子体产生精子和卵细胞。通过一个雄性细胞完成受精后，卵细胞变成一个二倍体的受精卵，这个受精卵发展成为孢子体。孢子体成熟后，产生单倍体孢子，在此生成配子体，依次往复。动物的类似假设模式可能会这样：精子和卵细胞首先变成两个独立的组织，这时候，就产生了配子，以利于受精。

被子植物（angiosperms，希腊语：*angeion*容器，小器皿+*sperma*种子）：种子植物（spermatophytes）在封闭的有受精能力的心皮（carpels）中结有胚珠和种子，而裸子植物的胚珠和种子裸露在外，在有受精能力的子叶或球果鳞苞上“裸生”，两者胚珠和种子的生产方式迥异。根据胚芽里的子叶（cotyledon）数目多少，两个主要的群区分比较明显，为单子叶植物和双子叶植物。被子植物往往被称作“开花植物”，某些裸子植物的生殖器官尽管在结构上也能开花结果，符合关于花朵的定义，但它们仍然是裸子植物。

风媒间接传播（anemoballism，希腊语：*anemos*风+*ballistes*，源自“ballein”，扔，抛）：植物散播媒介的一种形式。风力的间接作用会散播传播体，即风力并不直接转送传播体，但会对果实产生影响。果实（多数时候是蒴果）往往会暴露在一个柔韧的长茎上，长茎会在风中摇曳，迸射出传播体，例如莲（*Nelumbo nucifera*，莲科）、虞美人（*Papaver rhoeas*，罂粟科）。

风媒散播（anemochory，希腊语：*anemos*风+*chorein*传播，散布）：通过风来散布果实和种子。

花药（anther，拉丁语：*anthera*花粉，从希腊语antheros演化而来，*antheros*开花的、多花的，源自*anthos*花朵）：被子植物雄蕊的长花粉部位。一个花药有两个一模一样的有受精能力的囊，称为“孢子囊（*thecae*）”每一个囊又长有两个花粉囊，花粉囊常常以纵向裂缝、荚片或细孔的方式开裂。这两个囊通过一个不结果实的部位（药隔）连在一起，“药隔”也是花药固定在花丝上的连接点。

精子囊（antheridium，复数为：antheridia，拉丁语：小花药；anther指的是被子植物中长花粉的植物）：一个雄性或双性配子体的雄性性器官，能产生和保留雄性配子。精子囊在苔藓植物、蕨类植物和最宽泛意义上的蕨类同源植物进化得最为完整，但种子植物中并没有这个器官。

显花植物（anthophytes，希腊语：*anthos*花+*phyton*植物）：字面上的含义是“开花植物”，经常用到的同义词是“被子植物”。但显花植物包括一些裸子植物、类似苏铁科的已灭绝本内苏铁目（Bennettitales）、五柱木属（*Pentoxylon*）的近亲和现存的买麻藤目[Gnetales order，包括三个属，即麻黄属（*Ephedra*）、买麻藤属（*Gnetum*）和百岁兰属（*Welwitschia*）]。

孔（aperture）：在花粉粒中，一个开在花粉壁上的预成型开口，通过这个开口，花粉管能够穿过。

颈卵器（archegonium，复数为archegonia，从希腊语演变而来的新拉丁语：*arkhegonos*后代、子孙；*arkhegonos*源自*arkhein*开始+*gonos*种子，繁殖）：外形通常像个长颈瓶，是产生和保留卵细胞的一个雌性或双性配子体的多细胞雌性性器官。颈卵器在苔藓植物、蕨类植物和蕨类同源植物中进化得十分成熟，在裸子植物中则比较原始。在被子植物中，真正的颈卵器并不存在。

假种皮（aril，拉丁语：*arillus*意为葡萄种子）：裸子植物和被子植物的各类可食用的种子附器。一般而言，假种皮会为动物传播者们提供一种能吃的东西作为犒劳奖品。

自体散播（autochory，希腊语：*autos*自己+*chorein*散播）：自我传播。

抛射传播（ballistic dispersal）：传播体通过直接或间接的类似弹弓的弹射方式弹射传播；具体的方式分别是爆裂式的果实、风刮动植物使植物某些部位移动[即风媒间接传播（anemoballism）]和路过的动物携带。

浆果（berry）：一种果实壁（果皮）全部是果肉的果实。

蒺藜（caltrop）：一种包含四根体刺的结构。体刺排列指向一个四面体的四个角，这样的结构使四面体无论怎样掉落，都会依靠三根体刺稳立，第四根体刺指向空中。蒺藜曾经被当成阻滞骑马的追击者的一种“暗器”，后来在汽车时代，用它来扎破充气轮胎也特别有效。

花萼（calyx，希腊语：*kalyx*杯子）：一朵花的全部萼片，即一个花被中花瓣的外缘螺层。

蒴果（capsule，拉丁语：*capsula*，指微型的，*capsa*盒子、小容器）：严格意义上讲，蒴果指的是从一个子房生长、成熟的一个开裂果实，子房由两个或更多的相互连接的心皮组成。

心皮（carpel，现代拉丁语：*carpellum*小果实；起源于希腊语：*karpos*果实）：在被子植物中，包裹一个或多个胚珠的有繁殖能力的叶片。心皮通常被再次分裂成一个长胚珠的器官（子房）、一个花柱和一个柱头。一朵花的心皮既可以相互分离[像毛茛属（*Ranunculus*）的多个物种]，也可能粘连在一起[例如酸橙（*Citrus* × *sinensis*），它的每一个果实片都是一个心皮]。

复合果（compound fruit）：从多朵花长成的果实。

松柏科植物（conifers，拉丁语：*conus*圆锥体+*ferre*携带、结果）：裸子植物的群，一般通过针状、鱼鳞状叶片以及长在球果中的雌雄异株的花来区分。家喻户晓的例子是松树、云杉和冷杉。

花冠（corolla，拉丁语*corolla*小花环或王冠）：一朵花的所有花瓣，即一个花被中花瓣的内层螺纹体。

子叶（cotyledon，希腊语：*kotyle*中空物体；泛指种子叶通常为匙状或碗状的情形）：胚芽中的首个叶片（在单子叶植物中）或一对叶片（在双子叶植物中）。

隐花植物（cryptogams，希腊语：*kryptos*隐藏的+*gamein*结合、交合）：原有的集合术语，指的是没有可辨识的花的所有植物。隐花植物包括藻类、真菌（尽管它不是真正的植物）、苔藓、蕨类植物和蕨类同源植物。这个希腊术语的含义是“那些秘密交合的植物”，指的是没有花作为明显有性繁殖信号。

开裂果实（dehiscent fruit）：这种果实成熟时会张开，它的种子会掉落在果实周边的环境中。

传播体（diaspore，希腊语*diaspora*意为散布、传播）：植物种子散播的最小单元。传播体可以是种子、复合果或离果果实、整个果实甚或籽苗（例如红树林）。

双子叶植物（dicotyledons，希腊语：*di*两个+子叶）：被子植物的两个主要群系中的一个，通过胚芽中两个对长的叶子（子叶）来识别。双子叶植物的其他典型特征是网状叶脉、通常能开四朵或五朵花的开花器官、圆形排列的维管束以及一套持续生存的初级根部系统，这套系统从胚芽根生长而来，不断增厚（在乔木和灌木中常见，一般在草本植物中不会出现这种情况）。长期以来，双子叶植物被学术界视同一个同质体。到近期，双子叶植物才被划分为两个群系，即真双子叶植物和类双子叶植物。

核果（drupe）：成熟时不开裂的一种果实，有一层多果肉的中果皮和一层坚硬的内果皮，能产出一个或多个果核。

油脂体（elaiosome，希腊语：*elaion*油脂+*soma*身体）：字面意思是“含油脂的物体”，这是一个通用的生态学术语，指的是种子和其他传播体的油质可食用附器，一般指的是蚂蚁传播的场合。

胚芽（embryo，拉丁语*embryo*意为未出生的胎儿、萌芽，来源于希腊语*embryon*，en-前缀意为在……里面+*bryein*充满后即将迸发）：在植物中，受精后的卵细胞长出的幼小孢子体。

胚囊（embryo sac）：被子植物的雌性配子体，自一个单倍体细胞（称作“大孢子”）生长而来，单倍体细胞是胚珠中的双倍体细胞以减数分裂的方式形成的。三次有丝分裂完成后，大孢子生成了雌性配子体/胚囊，胚囊含有总共8个籽仁，分布在7个细胞中：3个在珠孔端（1个卵细胞和2个助细胞），3个反足细胞在合点端，还有1个含有两个极核的“中央大细胞”在珠孔端与合点端之间。

内果皮（endocarp，希腊语：*endon*在……内部+*karpos*果实）：核果果皮（果实壁）的最内层，形成核果中种子周围的硬核。

胚乳（endosperm，希腊语：*endon*在……内部+*sperma*种子）：种子中的营养组织。

外果皮（epicarp，希腊语：*epi*在……上面+*karpos*果实）：最外层的果实壁（果皮），多数情况下是一个又薄又软或皮革状的果皮。

动物体表传播（希腊语：*epi*在……上面+*zoon*动物+*chorein*传播）：通过动物体表传播的传播体会通过倒刺、钩子或带黏性的物质附着在动物的毛、外表或羽毛上，或者人类的衣物上。

动物体内传播（希腊语：*endon*在……内部+*zoon*动物+*chorein*散播）：一株植物传播体的传播通过动物（和人类）吃进肠胃并携之游走的方式来完成。动物体内传播的植物种子或内果皮通常坚硬、口感不佳甚至有毒，不利于咀嚼，会以粪便的方式被排除并完好保存。

科（family）：在有机体的分类学的分层体系中主要单元的一个。主要的分类单元为（按照降序次序）：纲、目、科、属和种。

花丝（filament，拉丁语*filum*意为线、丝）：一个雄蕊的梗。

开花植物（flowering plants）：根据“花”的定义，这个词汇的含义会存在地区性的差异。在欧洲大陆，这个词被认为是裸子植物与被子植物之间的折中产物。在美洲的英语地区和英国，这个词仅指被子植物。在严格的科学意义上，“开花植物”被解释为“显花植物”。

果实（fruit）：指任何自给的长种子的结构，包括经过培育后不长种子的驯化水果。

果实壁（fruit wall）：果实的一部分，从子房壁演变而来，另外的名称是“果皮”。

小果实（fruitlet）：一个果实的一个独立传播单元，可以是①一个成熟离果果实的心皮或半个心皮；②一个成熟多果实的单体心皮；③一个复合果的成熟（单个或多个心皮）子房。

珠柄（funicle，拉丁语*funiculus*意为细绳）：胚珠或种子通过这种秆梗与子房中的胎座相连。珠柄起到一种类似“脐带”的作用，连接亲体植物，为正在发育的胚珠和种子提供水和营养物。

配子（gamete，希腊语*gametes*意为配偶、配对）：单倍体雄性或雌性细胞。雄性和雌性配子在交合后融为一体。与孢子体不同的是，配子与配偶的一个配子交合后，它们只能产生一个新个体或新一代。

配子体（gametophyte，希腊语：*gametes*配偶、配对+*phyton*植物）：在一个植物生命周期中，单倍体繁殖产生的配子。例如蕨类的原叶体或种子植物发芽的花粉粒。

买麻藤目（Gnetales）：裸子植物的异体群系，仅仅包含三个科，三个属[麻黄属（*Ephedra*）、买麻藤属（*Gnetum*）和百岁兰属（*Welwitschia*）]，一共95个物种。

裸子植物（gymnosperms，希腊语：*gymnos*裸体的+*sperma*种子）：种子植物的非同质群系，在有繁殖力的敞开花瓣（或者球果植物里能产胚珠的鳞苞）里长着胚珠，在封闭的心皮中不长胚珠，与被子植物的情形相同。裸子植物包括三种亲缘关系较远的群：球果植物（8个科，69个属，630个种）、苏铁植物（3个科，11个属，292个种）和买麻藤目（3个科，3个属，95个种）。

雌蕊（gynoecium，希腊语：*gyne*女人、女性+*oikos*房屋）：一朵花中所有的心皮，可能连在一起也可能单独存在。

水媒散播（hydrochory，希腊语：*hydor*水+*chorein*传播）：植物的传播体通过水来传播。

成熟时不开裂的果实（indehiscent fruit）：一种成熟时仍然紧闭的果实。

花序（inflorescence）：植物长着花朵的部位；花序可以是一个松散的花簇（像百合花那样），也可以是仅仅靠在一起且能区分的结构，恰如一朵单体花，例如向日葵科（菊科）中的头状花序（花的头部）。

果序（infructescence）：花序在结果期的花。

中果皮（mesocarp，希腊语：*mesos*中间的+*karpos*果实）：果实壁（果皮）的肉质中间层。

珠孔（micropyle，希腊语：*mikros*小的+pyle大门、出入口）：胚珠顶端的开口处，是花粉管去往卵细胞的一条必经之路。

多果果实（multiple fruit）：从两个或多个分立心皮的个体雌蕊长成的一个果实；每个心皮都能长成一个小果实，例如覆盆子。

蚂蚁散播（myrmecochory，希腊语：*myrmex*蚂蚁+*chorein*传播）：种子或其他传播体通过蚂蚁来散播。

花蜜导游（nectar guides）：花朵中线条、斑纹或较大的斑点形成的五颜六色的图案，这类图案能够引领授粉者找到花蜜和花粉所在地。我们人类的视力能看到花蜜导游，不过，如果花蜜导游呈现紫外反射（蜜蜂和其他大部分昆虫能看见紫外线）的话，人的视力也就看不到了。

蜜腺（nectaries）：分泌花蜜以吸引授粉者的腺体。蜜腺往往位于花的基部或花距[如楼斗菜属（*Aquilegia*）植物]。

核果（nut）：一种干燥、成熟时不开裂、通常是单体种子的果实，在这种果实中果皮靠近种子。

果仁（nutlet）："核果"的缩微版，指的是一个裂果或果实的一个果核样的单体小果实，从两个或更多分立心皮的雌蕊长成。

鸟类传播（ornithochory，希腊语：*ornis*鸟+*chorein*传播）：通过鸟类传播果实和种子。

子房（ovary，新拉丁语*ovarium*意为一个产卵细胞的部位或器官，该词源自拉丁语*ovum*卵、蛋）：包含胚珠的雌蕊的扩大的通常较低的部分。

胚珠（ovule，新拉丁语*ovulum*意为小卵、小蛋）：种子植物的雌性性官，在卵细胞受精后发育成种子。

花被（perianth，希腊语：*peri*周围、四周+*tanthos*花）：这是植物的包被，明显地分化成花萼（外层花被螺旋体）和花冠（内层花被螺旋体）。

果皮（pericarp，新拉丁语：*pericarpum*，来源于希腊语*peri*周围+*karpos*果实）：结果实阶段的子房壁。果皮可以是同质的（如浆果类），或分为三层（如在核果内），称为外果皮、中果皮和内果皮。

花瓣（petal，新拉丁语：*petalum*，从希腊语*petalon*演化而成，*petalon*叶子）：在花朵中，花被的外层螺旋体与其内层螺旋体有所不同，植物包被的内层螺旋体部分被称为花瓣。花瓣常常形成一朵花中绚丽夺目的花冠。

雌蕊（pistil，拉丁语*pistillum*意为碾槌，暗指形状）：一个单体子房，长有一个或多个花柱或柱头，由一个或多个心皮构成。1700年，法国植物学家约瑟夫·皮顿·德图·德图图内弗尔（Joseph Pitton de Tournefort）引入了这个术语。今天，由于其含义模糊，科学家们放弃了这个用法，改用"gynoecium"（雌蕊）来代替。

胎座（placenta，现代拉丁语*placenta*意为扁平状糕点，最初由希腊语*plakoenta*演化而来，*plakoeis*的宾格形式意为扁平的，与"plax任一有关扁平的事物"有关）：子房内的一个区位，在此处胚珠得以形成，并继续（一般通过一个珠柄）附着在亲体株上，直至种子成熟。植物学里的这个术语是从人类和动物的结构"胎盘"借用的，人和动物的胚胎常就附着在这类结构上。

花粉（pollen，拉丁语"精细粉末"）：种子植物的微型孢子，能在柱头上发芽（被子植物），或者在胚珠的花粉腔里发芽（在裸子植物）。这类发芽的花粉的颗粒连同花粉管代表着一个非常小、高度简化的配子体。

花粉腔（pollen chamber）：很多裸子植物中位于胚珠顶端的一个腔室，在这里花粉粒的形态终止，开始发芽。

花粉囊（pollen sac）：这是被子植物产生花粉的容器，与蕨类植物的孢蒴同源。一个花药往往能长出4个花粉囊。

花粉管（pollen tube）：由在发芽的花粉柱形成的管状结构。在苏铁植物和银杏树中，花粉管释放出活动的精子直接进入花粉腔，从花粉腔再游动到颈卵器。在球果植物和被子植物中，花粉管将不运动的裸露精子核直接传送至卵细胞。

花粉鞘（pollenkitt）：一种黏性物质，主要由饱和脂肪和不饱和脂肪、类胡萝卜素、蛋白质和羰基多糖构成。根据现有的研究成果，在所有的被子植物中都发现了这种物质，但好像在苔藓植物（bryophytes）、蕨类植物（pteridophytes）和裸子植物中并不存在。它具备很多不同功能：在花粉壁内储存蛋白质；使花粉粒保留在花药内或毗邻花药，直至授粉动物们前来收集；保持花粉粒以簇群的形式存在，以便能一股脑地到达较大花粉"包"里的柱头，粘连在昆虫身体上、鸟喙上等等；保护花粉粒的细胞质免受太阳辐射；防止细胞质水分的过度流失；决定花粉颜色；以油质和散发香味的成分吸引授粉者。

授粉综合征（pollination syndrome）：长期进化以适应某一特定花粉散播模式的一种进化结果，是花的一系列特征，如通过风媒散播、水媒散播和动物散播。

花粉块（pollinium，复数为"pollinia"）：单体花粉粒以大量聚集的方式形成并保持的一种结构，在授粉过程中作为单个单元传播。

多合体花粉（polyads，希腊语*poly*意为许多）：在成熟期仍连在一起的花粉粒簇群，作为一个单元进行传播。数量通常是4的倍数。

原叶体（prothallus，复数形式为"prothalli"，希腊语：*pro*以前、在……前面+*hallos*发芽）：一个单倍体（雄性、雌性或雌雄同株）的小配子体。藻类、苔藓、蕨类植物及蕨类同源植物和某些裸子植物中的原叶体功能发育完备。一个原叶体自一个单倍体孢子生成，此后会成为精子器，或者颈卵器，或者两者都长。在被子植物中，雄性和雌性配子体两者都大幅减少（不能形成精子囊和颈卵器），其中的花粉管和胚芽囊分别代表雄性和雌性配子体。

翼果[samara，拉丁语名称，指的是榆树（*Ulmus*）的果实]：一种带翼的核果。

裂果（schizocarpic fruit，新拉丁语，源自希腊语：*skhizo-*，*skhizo-*源自*skhizein*分裂、裂开+*karpos*果实）：在授粉过程中，心皮部分或全部粘连在一起，但在成熟时会相互分开，每个部位都能作为一个传播体，包裹心皮的即为裂果。

种子（seed）：种子植物的器官，在一个具有保护性的种皮内包裹着胚芽以及一个营养性组织。种子自胚珠生长而来，胚珠是种子植物起决定性作用的器官。

种子植物（seed plants）：能产生种子的植物，参见种子植物门植物（spermatophytes）。

萼片（sepal，新拉丁语：*sepalum*，一个发明词汇，很可能是拉丁语*petalum*和希腊语*skepe*的混合体，*skepe*覆盖、掩蔽）：在花卉中，花被的外层螺旋体与内层螺旋体并不相同，外层螺旋体的部分被定义为"萼片"。一朵花的萼片集聚在一起形成了通常不太显眼的绿色花萼。

孢子堆（sorus，复数形式为sori）：蕨类植物复叶下面上的一簇孢子囊。

精核（sperm nucleus）：球果植物和被子植物的极度缩小的非活动雄性配子。

种子植物门植物（spermatophytes，希腊语：*spermatos*种子+*phyton*植物）：能产生种子的植物。种子植物门植物由两个主要的群构成，即裸子植物和被子植物。

孢子囊（sporangium，希腊语：*sporos*胚芽、孢子+*angeion*器皿、容器）：长有一个外层细胞壁和一个细胞核的腔室，能产生孢子。

孢子（spore）：一种能进行无性繁殖的细胞。

孢子体（sporophyte）：（*sporos*胚芽、孢子+*phyton*植物）：字面意义为"能生产孢子的植物"。植物生命周期的双倍体生殖能够生成单倍体无性孢子，这类孢子能生成单倍体配子体。

雄蕊（stamen，拉丁语*stamen*意为线、线状物）：被子植物生成花粉的器官，由不结实的花丝组成，花丝携带有生殖能力的位于顶端的花药。每个花药都有四个包含花粉粒的花粉囊。

柱头（stigma，希腊语为*spot*，*scar*）：被子植物雌蕊中的专门部位，能接受花粉粒，并促使花粉粒发芽。柱头通常被花柱抬升至子房上面。

花柱（style，希腊语*stylos*意为圆柱、支柱）：被子植物心皮或雌蕊连接柱头和子房的狭窄细长部分，通过花柱，花粉管下降进入子房。

四分体（tetrad，希腊语*tetra*意为四个）：四分体是4个连在一起的花粉粒或孢子结成一组的通用术语，既可以成为一个传播单元，也可作为一个发展阶段。

动物散播（zoochory，希腊语：*zoon*动物+*chorein*传播）：果实或种子通过动物传播。

受精卵（zygote，希腊语*zygotos*意为连在一起）：一个受精的（二倍体）卵细胞。

参考文献

Armstrong, W.P. A non-profit natural history textbook dedicated to little-known facts and trivia about natural history subjects. www.waynes-word.com.

Bell, A.D. (1991) Plant form – an illustrated guide to flowering plant morphology, Oxford University Press, UK.

Fenner, M. & Thompson, K. (2005) The ecology of seeds, Cambridge University Press, Cambridge, UK.

Gunn, C.R. & Dennis, J.V. (1999) World guide to tropical drift seeds and fruits (reprint of the 1976 edition), Krieger Publishing Company, Malabar, Florida, USA.

Heywood, V.H., Brummit, R.K., Culham, A. & Seberg, O. (2007) Flowering Plant Families of the World, Royal Botanic Gardens, Kew, London, UK.

Janick, J. & Paull, R.E. (eds.) (2008) The encyclopedia of fruit and nuts, CABI Publishing, UK.

Janzen, D.H. (1984) Dispersal of small seeds by big herbivores: foliage is the fruit, The American Naturalist 123: 338-353.

Judd, W.S., Campbell, S., Kellogg, E.A., Stevens, P.F. & M.J. Donoghue (2002) Plant Systematics - a phylogenetic approach, Sinauer Associates, Inc., Sunderland, MA, USA.

Kesseler, R. & Harley, M. (2009) Pollen – The Hidden Sexuality of Flowers, 3rd edition, Papadakis Publisher, London, UK.

Kesseler, R. & Stuppy, W. (2009) Seeds – Time Capsules of Life, 2nd edition, Papadakis Publisher, London, UK.

Loewer, P. (2005) Seeds – the definitive guide to growing, history and lore, Timber Press, Portland, Cambridge, USA.

Mabberley, D.J. (2008) Mabberley's Plant-Book, 3rd edition, Cambridge University Press, UK.

Mauseth, J.D. (2003) Botany - an introduction to plant biology, 3rd edition, Jones and Bartlett Publishers Inc., Boston, USA.

Pijl, L. van der (1982) Principles of dispersal in higher plants, 3rd edition, Springer, Berlin, Heidelberg, New York.

Raven, P.H., Evert, R.F. & Eichhorn, S.E. (1999) Biology of plants, W.H. Freeman, New York, USA.

Ridley, H.N. (1930) Dispersal of plants throughout the world, L. Reeve & Co., Ashford, Kent, UK.

Spjut, R.W. (1994) A systematic treatment of fruit types, Memoirs of the New York Botanical Garden 70: 1-182.

Stuppy, W. & Kesseler, R. (2008) Fruit – Edible, Inedible, Incredible, Papadakis Publisher, London, UK.

Ulbrich, E. (1928) Biologie der Früchte und Samen (Karpobiologie), Springer, Berlin, Heidelberg, New York.

索引

致谢

本书蕴含着许多人士的巨大贡献和智慧，他们以直接或间接方式，或提供大量植物标本，或为我们指点迷津，启发思路，这些都浓缩成本书的精华。在过去几十年中，科学家们不辞辛劳，费尽艰辛，通过对植物的观察、研究和著书立说，向我们展示无数关于植物生命中那些令人惊叹的奥秘。还有不少人士在发现、收集或栽培植物方面成绩斐然，这些植物也成了本书中所展示图片的宝贵资源。尽管在此无法将他们逐一列举，但我们能够并希望对以下同仁和好友致以衷心谢忱。

首先是永远离开了我们的安德里亚斯·帕帕扎基斯（Andreas Papadakis），作为出版商，他在我们已经出版的三部著作的整个撰写过程中，为我们营造了宝贵的学术自由的空间，不断提供创作灵感和慷慨资助。面对我们的这本新作，他的女儿亚历山德拉（Alexandra）运用她极富创意的想象力，帮助我们以一种具有强烈视觉冲击力的方式，实现了内容与图片的完美统一。

（英国）皇家植物园邱园给予的独一无二的机会使这部新著得以完成并出版，我们的感激之情难以言表，尤其要感谢邱园的现任园长斯蒂夫·霍珀（Stephen Hopper）和前任园长彼得·克兰（Peter Crane）爵士的支持。邱园种子储存部（Seed Conservation Department，SCD）主任保罗·史密斯（Paul Smith）和该部的约翰·迪基（John Dickie）对沃尔夫冈·斯塔佩（Wolfgang Stuppy）的研究提供的源源不断的帮助令人感动，还要感谢种子储存部的全体成员。千年种子库在全球合作伙伴方提供的种子和果实无以伦比，很多成为了此书图片的重要来源，我们对此深表谢意。

英国千禧年委员会（UK Millennium Commission）和维尔康基金会（Wellcome Trust）支持邱园皇家植物园创建千年种子库合作伙伴项目，英国环境，食品和乡村事务部每年都向邱园提供资助。这些举措意义重大，惠及四方。

感谢伦敦艺术大学和圣马丁中央艺术与设计学院，这两所大学自1999年千年种子库合作伙伴项目启动以来不断支持罗布·克塞勒（Rob Kesseler）的研究工作，特别是英国帝国勋章荣获者、院长简·拉普利（Jane Rapley）、图像与工业设计系主任乔纳森·巴勒特（Jonathan Barratt）、陶器设计学士学位学科主任凯瑟琳·赫恩（Kathryn Hearn），还有许多同事，他们对罗布·克塞勒的工作给予的积极评价使我们备受鼓舞。英国国家科学技术与艺术基金会（NESTA）为他提供的研究基金犹如及时雨，再加上亚历克斯·巴克利（Alex Barclay）的热心指导，使我们三人合作的第一部关于花粉的著作得以出版。

我们还要感谢爱丁堡植物园斯蒂芬·布莱克莫尔（Stephen Blackmore），作为皇室"钦定"的园长，他认真审阅《花粉，花朵性别的秘密》初稿并提出了中肯的修改意见。理查德·贝特曼（Richard Bateman）、葆拉·鲁道尔（Paula Rudall）和理查德·斯普尤特（Richard Spjut）从头至尾审阅了《种子——生命的时间胶囊与果实》和《水果——可食用与不可食用，简直难以置信》两部书的手稿，他们所提的意见使我们十分受益。

我们还要感谢邱园植物标本馆豆科与棕榈树部的同事和友人，他们不但与我们分享专业知识，还允许我们参观馆藏。乔德雷尔实验室微形态学部门的负责人葆拉·鲁道尔为我们使用扫描式电子显微镜（SEM）和附属设备大开绿灯。克丽茜·普里奇德（Chrissie Prychid）和汉娜·班克斯（Hannah Banks）为我们提供了技术支持；种子保管部(SCD)策展组的所有成员都为我们提供了宝贵的援助。在此，我们谨向他们表示诚挚谢意。

每当我们遇到疑难问题，寻求答案时，邱园的现任和原先的同事们总是无私分享其专业知识，他们还向我们提供了许多重要的参考资料、照片等。对此，我们深表感谢。我们要特别感谢如下人士：种子保管部的约翰·亚当斯（John Adams）和史蒂夫·奥尔顿（Steve Alton），植物标本馆的比尔·贝克（Bill Baker），乔德雷尔实验室的前任主任迈克·本尼特（Mike Bennett），负责园艺与公共教育的戴维·库克（David Cooke），植物标本馆的汤姆·科普（Tom Cope），邱园原园长、现任耶鲁大学林学与环境学院院长彼得·克兰（Peter Crane）爵士，原先在种子保管部任职，现就职于力拓矿业集团的马修·道斯（Matthew Daws），种子保管部的约翰·迪基（John Dickie），植物标本馆的约翰·德兰斯菲尔德（John Dransfield），从事园艺与公共教育的劳拉·朱弗里达（Laura Giuffrida），图书馆的安妮·格里芬（Anne Griffin），负责园艺与公共教育的菲尔·格里菲思（Phil Griffiths），已退休的托尼·霍尔（Tony Hall，原负责园艺与公共教育，现在基尤研究协会），负责园艺与公共教育的克里斯·海瑟姆（Chris Haysom），邱园园长史蒂夫·霍珀（Steve Hopper），负责园艺与公共教育的凯西·金（Kathy King）和托尼·柯卡姆（Tony Kirkham），种子保管部的伊尔莎·克兰纳（Ilse Kranner），植物标本馆的格威利姆·刘易斯（Gwilym Lewis），从事园艺与公共教育的迈克·马什（Mike Marsh），经济植物学中心的马克·内斯比特（Mark Nesbitt），植物标本馆的前任馆长西蒙·欧文斯（Simon Owens），负责微体繁殖研究工作的格雷斯·普伦德加斯特（Grace Prendergast），种子保管部的休·普里查德（Hugh Pritchard），乔德雷尔实验室的克里茜·普里奇德（Chrissie Prychid），植物标本馆的布莱恩·斯赫里勒（Brian Schrire），负责园艺与公共教育的韦斯利·肖（Wesley Shaw），负责园艺与公共教育并兼任馆长的奈杰尔·泰勒（Nigel Taylor），种子保管部的珍妮特·特里（Janet Terry），现在澳大利亚塔斯马尼亚皇家植物园任职的詹姆斯·伍德（James Wood），种子保管部的埃利·瓦埃斯（Elly Vaes）和苏济·伍德（Suzy Wood）以及植物标本馆的丹妮拉·扎皮（Daniela Zappi）。

我们还得到了本专业领域中不少同行的帮助，借此机会，我们希望感谢：莎拉·阿什莫尔（Sarah Ashmore）、菲利普·博伊尔（Phillip Boyle），安德鲁·克劳福德（Andrew Crawford），理查德·约翰斯通（Richard Johnstone），安德鲁·奥姆（Andrew Orme），澳大利亚的安德鲁·普里查德（Andrew Pritchard）及托尼·泰森-唐纳利（Tony Tyson-Donnelly），墨西哥的伊斯梅尔·卡尔扎达（Ismael Calzada）和尤利西斯·古斯曼（Ulises Guzmán），美国得克萨斯州的迈克尔·伊森（Michael Eason）和帕特里夏·曼宁（Patricia Manning）。

我们非常感谢南非开普敦克里斯滕博世植物园的恩斯特·冯·贾斯维尔德（Ernst van Jaarsveld）和安东尼·希契科克（Anthony Hitchcock），他们热情、好客，抽出宝贵的时间协助我们工作，允许我们在他们的植物园内的精品收藏区拍摄植物；在澳大利亚，珀斯国王公园和植物园、吉朗植物园、位于库特撒山脉的布里斯班植物园、墨尔本皇家植物园、悉尼皇家植物园和新南威尔士安嫩山植物园的工作人员热情接待我们，允许我们在园内拍摄他们精心采集的植物；在新西兰时，我们受到了同行特雷沃罗·詹姆斯（Trevor James）和他的朋友们的热情接待，他们拨冗陪同我们实地参访，允许我们拍摄红冠果树（Alectryon excelsus）果实。在此，我们谨向他们表示诚挚谢意。

帕帕扎基斯出版公司的塞拉·德瓦莱（Sheila de Vallée）和莎拉·罗伯茨（Sarah Roberts）负责编辑手稿，内奥米·德尔格（Naomi Doerge）协助完成了本书的出版，她们的辛勤付出令我们深受感动。

感谢图片提供者